EXAMEN CRITIQUE

DE L'ESPRIT

ET

DES PROPOSITIONS PRINCIPALES

DE L'OUVRAGE INTITULÉ :

LEÇONS

SUR

LES PHÉNOMÈNES PHYSIQUES DE LA VIE ;

PAR

J.-A. GRANDVOINET ,

DOCTEUR EN MÉDECINE.

> Quoy qu'il en soit, ueux-ie dire, et quelles que
> soient ces inepties; ie n'ay pas délibéré de les cacher,
> non plus qu'vn mien pourtraict chauue et grisonnant,
> où le peintre aurait mis non vn uisage parfaict, mais
> le mien. Car aussi ce sont icy mes humenrs et opi-
> nions: ie les donne , pour ce qui est en ma créance,
> non pour ce qui est à croire...... Ie n'ay point
> l'avthorité d'être creu ni ne le désire, me sentant
> trop mal instruit pour instruire aultruy.
>
> *Essais de* MICHEL MONTAIGNE.

MONTPELLIER.

Louis CASTEL, Libraire-Éditeur, 32 , Grand'Rue.

LYON.   **PARIS.**

Charles SAVY, Libraire.   GERMER-BAILLIÈRE , Lib.,
                           rue de l'École de Médecine, 17.

JANVIER 1839.

EXAMEN CRITIQUE

DE L'ESPRIT

ET

DES PROPOSITIONS PRINCIPALES

DE L'OUVRAGE INTITULÉ :

LEÇONS

SUR

LES PHÉNOMÈNES PHYSIQUES DE LA VIE.

Imprimerie de F. GELLY, rue de l'Arc-d'Arènes, 1.

EXAMEN CRITIQUE

DE L'ESPRIT

ET

DES PROPOSITIONS PRINCIPALES

DE L'OUVRAGE INTITULÉ :

LEÇONS

SUR

LES PHÉNOMÈNES PHYSIQUES DE LA VIE ;

PAR

J.-A. GRANDVOINET ,

DOCTEUR EN MÉDECINE.

Quoy qu'il en soit, ueux-ie dire, et quelles que
soient ces inepties, ie n'ay pas délibéré de les cacher,
non plus qu'vn mien pourtraict chauue et grisonnant,
où le peintre aurait mis non vn uisage parfaict, mais
le mien. Car aussi ce sont icy mes humeurs et opi-
nions : ie les donne , pour ce qui est en ma créance,
non pour ce qui est à croire...... Ie n'ay point
l'avthorité d'être creu ni ne le désire, me sentant
mal instruit pour instruire aultruy.

Essais de MICHEL MONTAIGNE.

MONTPELLIER.

Louis CASTEL, Libraire-Éditeur, 32 , Grand'Rue.

LYON.   **PARIS.**

CHARLES SAVY, Libraire.   GERMER-BAILLIÈRE , Lib. ,
rue de l'École de Médecine, 17.

JANVIER 1839.

AU

PROFESSEUR LORDAT,

A mon illustre Maître!

Par vos conseils et vos soins j'ai été initié à l'étude de l'anthropologie. Une conviction puisée dans vos incomparables leçons, m'a inspiré le courage nécessaire pour entreprendre et poursuivre cet essai. En regard de vos sublimes travaux, il ne saurait mériter d'être lu; pourtant j'ose vous le dédier, dans l'intime persuasion que vous l'accueillerez. Ne fûtes-vous pas toujours pour moi, un père, un ami? Puissent ceux qui m'entendront ou me liront, ne pas me juger indigne de votre indulgente affection! Puissent-ils encore trouver dans mon œuvre une partie des connaissances que le public est en droit d'attendre et d'exiger de ceux qui osent se dire vos élèves !

A. GRANDVOINET.

A Monsieur POINTE,

DOCTEUR EN MÉDECINE,

Professeur de Clinique médicale à l'école secondaire de Médecine de Lyon, Membre du conseil académique, Médecin du collége royal, Membre des sociétés de médecine de Lyon, Marseille, Montpellier, Toulouse, Bordeaux, La Nouvelle-Orléans, etc., etc.

A Monsieur BRACHET,

DOCTEUR EN MÉDECINE,

Professeur à l'école secondaire de médecine de Lyon, Médecin de l'Hôtel-Dieu, Médecin de la prison de Roanne, Membre de l'académie royale de médecine et des sociétés de médecine de Paris, Lyon, Marseille, etc., etc.

Hommage et reconnaissance.

A. GRANDVOINET.

INTRODUCTION.

Si l'intention n'excusait tout, jamais je n'eusse osé me permettre de faire et surtout de livrer au public un travail tel que le mien. Quand on songe au mérite éminent de M. Magendie, membre de l'Institut, professeur au collége de France, occupant un des plus hauts rangs dans la science, et à la position d'un agresseur tel que moi, on est tenté de rejeter dédaigneusement, sans la lire, une œuvre en apparence si prétentieuse.

Je dois à la vérité de déclarer qu'il n'a fallu rien moins que l'exigence impérieuse de ma conscience pour me guider et me soutenir dans la tâche que j'avais entreprise. J'ai eu présentes à mon esprit ces paroles reproduites par M. Magendie lui-même : (1) « L'erreur doit être combattue partout où elle

---

(1) Toutes les citations que j'ai empruntées à M. Magendie sont tirées de l'ouvrage dont j'ai entrepris la critique : celle-ci se trouve pag. 130 vol. 2.

» se trouve ; plus elle vient de haut , plus elle est
» dangereuse. »

Vainement on a cherché à me dissuader de mon
projet en m'en présentant et les difficultés et les inconvéniens : si je m'y suis décidé , ce n'est pas
par ignorance de tous les devoirs que son accomplissement m'impose.

Personnellement inconnu de M. Magendie pour
lequel je professe , du reste , la plus haute estime ,
et devant lequel , comme professeur , j'avoue humble-
ment toute mon infériorité , je n'ai point entendu l'attaquer individuellement , et je proteste d'avance contre toute interprétation de ce genre. C'est simplement
une discussion scientifique , une affaire de principes :
aussi , quel que soit le jugement qu'on doive porter
sur cet opuscule , j'aime à croire qu'on me rendra ,
du moins , la justice de déclarer que je n'y ai laissé
glisser aucune inconvenance. J'ai cherché , en le
faisant , à le disposer de telle sorte qu'il me fût
permis de paraître devant M. Magendie lui-même ,
sans être obligé de le récuser pour mon juge , fût-il
assis à la place d'un de mes examinateurs.

Mon sujet eut peut-être nécessité de longs déve-
loppemens : mais on se rappellera que c'est le travail d'un élève , de qui on voudra bien accepter
une ébauche , souvent grossièrement tracée , et que
les limites d'une thèse l'ont encore obligé de réduire.

EXAMEN CRITIQUE

DE L'ESPRIT

ET

DES PROPOSITIONS PRINCIPALES

DE L'OUVRAGE INTITULÉ :

LEÇONS SUR LES PHÉNOMÈNES PHYSIQUES DE LA VIE.

CHAPITRE PREMIER.

DE L'ESPRIT DE L'OUVRAGE.

> Qu'on nous fasse donc grâce, une fois pour toutes, de ces ressorts, de ces leviers, de ces pelotons de vaisseaux, de ces fibrilles, de ces pressions, comme de ces globules, de ces épaississemens, de ces pointes, de ces lymphes, de ces marteaux, et tant d'autres petits meubles des ateliers mécaniques dont le corps vivant a été rempli, et qui furent, pour ainsi dire, les joujoux de nos pères.
>
> (BORDEU , *OEuvres complètes*, p. 670).

« On ne rend pas moins service à la science
» en renversant les fausses idées qui nuisent à ses

» progrès, qu'en faisant d'utiles découvertes. (1) »
Pénétré de toute la vérité de cette maxime, nous avons
dù succomber à la tentation d'entreprendre de réfuter l'ouvrage de M. Magendie. Notre tâche a été
facilitée par les nombreuses contradictions et par la
légéreté avec laquelle il émet, dans son œuvre, une
proposition générale. Son travail présente un tel défaut de méthode, d'ensemble et de coordination, que
nous aurons la plus grande peine à apporter dans le
nôtre l'ordre et l'enchaînement si nécessaires quand
on joint au désir d'être lu avec intérêt celui de se
montrer logique dans la déduction des conséquences
auxquelles l'appréciation des faits nous conduira.

Long-temps nous nous sommes fatigué l'esprit
pour chercher à découvrir quel pourrait être le but
de l'ouvrage de M. Magendie. Nous nous flattions
toujours que les volumes subséquens nous le démon-
treraient tout autre que nous ne l'avons reconnu plus
tard. Comment croire que tel fût son but, après la lecture de la première leçon, (notamment des dernières
pages) dans laquelle il admet des phénomènes vitaux
dont il parle longuement, établissant une ligne de dé-
marcation tranchée entr'eux et les phénomènes physiques? Tous les efforts de l'auteur ne tendent cependant
qu'à démontrer la toute puissance des lois physiques
dans la production des phénomènes qui se manifes-

---

(1) Magendie. Pag. 87 vol. 4.

tent dans l'organisme. Il a bien fallu en demeurer convaincu en voyant que, malgré les nombreuses contradictions, les réticences arrachées de temps à autre, chaque volume nous rendait cette tendance de plus en plus manifeste et évidente.

Nullement jaloux de nous exposer aux sarcasmes si largement distribués aux discoureurs, nous allons chercher immédiatement à démontrer par des faits la vérité de notre affirmation. Après nous avoir dit : « Je sais que certains esprits pourront appeler » audacieuse l'idée de rattacher les lois qui prési- » dent au jeu de nos organes, aux mèmes lois qui » régissent les corps inanimés; mais, pour être neuve, » cette vérité n'en est pas moins incontestable. (1) » L'auteur commence ainsi sa leçon : « L'un des » préjugés les plus fâcheux qui aient régné et qui » règnent encore dans la médecine, c'est de sup- » poser que tout être vivant, animal ou végétal, » est soumis à des lois indépendantes de celles qui » gouvernent les autres corps de la nature. C'est là » une erreur tellement grossière qu'elle n'est réelle- » ment pas digne d'une sérieuse réfutation. (2) » Ces passages me semblent assez nettement affirmatifs pour que, me dispensant momentanément d'en citer d'autres à l'appui de mon accusation, je me permette de les accompagner de quelques réflexions.

Quant à la première phrase nous nous conten-

---

(1) Magendie. Pag. 6 vol. 1er. — (2) Pag. 16 vol. 1er.

terons d'observer que l'idée n'est nullement neuve;
bien des fois déjà elle a été émise, renversée, reproduite sans que le bon sens médical se lassât de lui
faire bonne et prompte justice (1). Pour ce qui est
de la seconde, nous dirons : permis d'énoncer qu'une
telle croyance est une grossière erreur ; mais cette
erreur fut celle des Berzélius, Chaptal, Kant,
Cuvier, Buffon, Ampère, Raspail, etc., etc. On ne
saurait nous opposer que ces hommes ne sont pas
compétens pour prononcer sur la physique, qu'ils ne
la savaient pas; car l'auteur reconnaît lui-même
l'autorité de Berzélius en pareille matière (2).

Ces citations éveillent en nous quelque suspicion
sous le rapport de leur bonne foi quand nous rap-
prochons le commencement de cette leçon avec la
fin de la précédente, dans laquelle M. Magendie
parlait de phénomènes vitaux existant conjointe-
ment avec les phénomènes physiques dont ils diffèrent. Que sont devenus ces phénomènes vitaux? Il
n'en est plus question. Je suis porté à croire qu'ils
n'avaient été ainsi mentionnés dans une première
leçon, qu'afin de se ménager un effet à tiroir; car
désormais, quand il en sera fait mention, ce ne sera,
pour l'ordinaire, que dans le but de se procurer
l'occasion de les traiter en malencontreux parasites
avec mépris et dérision.

---

(1) Le mécanisme cartésien n'est pas autre chose que
cette prétention.

(2) Magendie. Pag. 17 vol. 1er.

Poursuivant ses hymnes de triomphe, l'auteur s'écrie, en parlant de l'indispensable nécessité des sciences physiques pour l'intelligence et la pratique de l'art médical : « Seules, elles (ces sciences) vous » dévoileront une foule de phénomènes dont le » mécanisme serait pour vous un mystère; seules, » elles feront sortir la médecine de l'ornière où » l'ont engagée *l'ignorance* et la manie des systè- » mes. (1) » L'ouvrage de M. Magendie renferme dans chaque volume, un grand nombre de passages de cette force qui ne prouvent autre chose, sinon qu'il a su parfaitement disposer, pour son usage, des phrases à mots sonores et ronflans, que nous aurons le plaisir de réduire à leur juste valeur.

Voici entr'autres une phrase du même genre : « Oui » l'analyse expérimentale des phénomènes physiques » de la vie est la partie la plus importante, la plus » utile et la plus brillante de la médecine ; sans elle » vous pourrez devenir peut-être un habile empirique, » mais jamais un savant médecin. (2) » Je ne conçois pas comment un tel moyen peut conduire à un aussi désireux résultat. S'il en était ainsi, je crois que chacun, pour échanger le titre d'empirique contre celui de savant, s'empresserait de déserter l'étude longue et pénible du dynamisme vital, pour se prêter joyeusement à celle si récréative et si facile du mécanisme.

Je ne doute pas qu'en pareille matière Barthez

---

(1) Magendie. Pag. 27 vol. 2. — (2) Pag. 24 vol. 1er.

ne soit compétent pour donner un conseil. Or voici ce qu'il nous dit : « Plus on fait usage de la bonne » méthode de philosopher dans la science de la mé- » decine-pratique ; plus on reconnaît que toutes les » parties essentielles de cette science sont entiérement » hétérogènes aux sciences de la physique géné- » rale, de la chimie et de l'histoire naturelle. Cel- » les-ci peuvent lui fournir quelques applications » heureuses et plusieurs remèdes précieux. Mais la » science de l'art de guérir, sans négliger aucuns » des moyens subsidiaires qu'elle peut leur devoir, » existe par elle-même et reste indépendante. (1) » Bien que cette sentence soit assez recommandable et par sa teneur et par le nom de son auteur, nous y joindrons quelques remarques suggérées par une simple curiosité.

Nous ne saurions croire à la sincérité de pareilles propositions, alors que l'auteur confesse son ignorance quand il s'agit d'expliquer les faits ; (2) impuissance qu'il lui faut avouer à chaque pas et qu'il proclame si hautement à tout instant. Il se réduit donc lui-même au simple rôle d'empirique ; encore, pour arriver à ce résultat, il nous faut admettre la vérité de ses assertions expérimentales, dans lesquelles nous sommes fort porté à croire que la prestidigitation

---

(1) Mémoire sur le Traitement méthodique des fluxions et sur les coliques iliaques, pag. 98.

(2) Magendie. P. 16 v. 1er.

doit avoir une bien large part. En effet, est-il possible d'émettre et de soutenir, avec conviction, des propositions aussi outrées que celles que nous trouvons, *pages* 23, 50, 80, *vol.* 1er, dans lesquelles l'auteur prétend suspendre et arrêter au moyen d'une ligature placée entre les parties divisées et le cœur, les phénomènes d'empoisonnement consécutifs à l'introduction dans les veines ou les tissus d'une certaine quantité de noix vomique ; phénomènes qui se seraient déjà développés au point de déterminer la rigidité des membres ? La ligature ou la compression peuvent bien, en suspendant l'imbibition (pour nous servir de son langage) mettre un obstacle à l'accroissement des phénomènes, mais elles ne sauraient annihiler les effets déterminés par un commencement d'imbibition.

Jaloux de me réserver quelques-unes de ces grandes phrases à effet dans lesquelles la souveraineté et la toute puissance des phénomènes physiques chez l'homme est hautement proclamée, je me contenterai, pour le moment, d'une dernière citation, réservant les autres pour mon usage ultérieur. Je vais, du reste, la choisir de telle sorte qu'il ne puisse rester le moindre doute dans l'esprit des personnes disposées à croire aux déclarations dans lesquelles l'auteur établit et reconnaît des phénomènes de l'ordre dynamique vital.

A la dernière page du premier volume de M. Magendie, nous lisons le passage suivant : « La

» production et la distribution de la chaleur animale,
» qu'est-ce donc, sinon un phénomène physique ?
» et la transpiration cutanée, et l'exhalation pul-
» monaire, et l'absorption, n'avons nous pas acquis
» la certitude par des expériences irrécusables que
» *tout y est physique* ? Je ne finirais pas, Messieurs,
» si je voulais poursuivre les phénomènes de cette
» nature partout où ils existent ; il faudrait repren-
» dre la physiologie jusque dans ses moindres détails. »
Nous demanderons à ce sujet, pourquoi, au lieu de
faire un massacre continuel de chiens, M. Magendie
ne produit-il pas ces phénomènes sur le cadavre? Car
enfin, s'ils sont purement physiques, il n'a que faire
de la vie pour les produire : elle devrait même être
préjudiciable à leur développement.

Je sais bien qu'en regard de semblables déclarations, et comme pour en atténuer les fâcheux effets,
l'auteur glisse de temps en temps, dans ses leçons,
quelques restrictions, des déclarations fort importantes à noter, des amendemens vraiment précieux,
quelquefois même de bons et sages conseils, mais
il se garde bien de tenir le moindre compte de tout
cela : il semble que pour lui ce n'est qu'ornement
ou remplissage, dans tous les cas il le traite toujours comme superflu. C'est ainsi qu'il nous dit :
« Il est dans l'économie des phénomènes essentiel-
» lement vitaux. » (1) « Je distingue dans la vitalité

---

(1) Magendie. P. 305 v. 1er.

» deux grandes classes de phénomènes : l'une com-
» prend les phénomènes physiques, l'autre les phé-
» nomènes vitaux. (1) » Puis viennent de longues et
pompeuses énumérations des premiers, envisagés sous
toutes leurs faces, tournés et retournés en tout
sens pour en tirer le meilleur parti ; et de peur encore qu'on ne se souvienne des derniers, l'auteur
revient précipitamment à sa tendance qui lui fait
dire : mes paroles « n'ont pour moi d'autre valeur
» que de ramener sans cesse vos esprits vers des
» idées et des termes de physique. (2) » Il existe pourtant en outre des phénomènes de cet ordre, une
autre classe de phénomènes avec lesquels ils ne sauraient être confondus. Ceux-ci sont même supérieurs,
mais il en est bien question ! Désespéré de ne pouvoir les annihiler, M. Magendie n'ose seulement pas
les nier, parce qu'à chaque expérience ils lui appa-
raissent le contrariant, infirmant à tout propos ses déductions et ses lois ; je présume donc que c'est par
vengeance, afin de les faire tomber dans le discré-
dit, qu'il les jette, ironiquement et sans leur accorder
la moindre importance, au milieu d'une escorte et
d'un entourage de phénomènes physiques qu'ils dominent, et dont l'auteur voudrait pourtant faire leurs
gouverneurs.

D'après cette manière de voir il nous dit : « Tout
» médecin clinique qui n'a point constamment

_____

(1) Magendie. P. 14 v. 2. — (2) P. 73 v. 2,

» présent à la pensée l'immense influence qu'exercent
» sur les fonctions organiques les qualités physi-
» ques et chimiques du sang ,…. s'efforce envain de
» faire marcher la science ; ses travaux sont frap-
» pés de stérilité , ou du moins ils restent à son
» insu dans le domaine de l'empirisme. (1) » Aussi et
conformément, du reste, à des principes de haute thérapeutique que nous retrouverons plus tard, au lieu de
tendre à corriger la cause qui a altéré, ou qui menace
de vicier les conditions normales du sang , nous ne
devrions chercher qu'à modifier sa composition, sans
tenir aucun compte du changement vital ou organique, cause déterminante et efficiente de ce phénomène. Ceci nous rappelle que , tournant en ridicule
ceux qui cherchent à expliquer tous les modes morbides , et les altérations organiques par le mot
inflammation, M. Magendie leur adresse cette phrase :
« Mais à mon tour, en admettant que l'inflamma-
» tion soit quelque chose, je vous demanderai qu'est-
» ce qui a pu causer l'inflammation ? (2) » Sa manie
à lui consiste à faire dépendre toutes les maladies
d'une altération dans la composition des liquides
auxquels il attache une importance tellement exagérée
qu'elle lui fait dire : Les liquides sont « la seule
» source où nos organes puisent la vigueur et la
» vie. (3) » Soit dit en passant, avec une telle doctrine , la destruction des troncs nerveux de l'encé-

------

(1) Mag. P. 155 v. 1er. — (2) P. 133 v. 4. — (3) P. 290 v. 3.

phale même devrait être indifférente, pourvu qu'on n'altérât pas la composition du sang. Pour nous, nous lui demanderons ce qui a pu, chez l'homme, dans la plupart des maladies, telles que la fièvre typhoïde, la variole, le scorbut, l'hydrophobie, la peste, le choléra, la grippe, etc., etc., causer l'altération du sang; en admettant que telle soit la cause des lésions anatomiques, que l'observation nécroscopique nous découvre, ainsi que des taches et des pétéchies survenues à la peau. Car enfin vous savez par quels moyens vous arrivez à développer cette altération chez les animaux ; mais chez l'homme..........

« Tout système en dehors de l'observation, n'est » pour moi qu'un jeu d'esprit indigne d'une réfuta- » tion sérieuse. (1) » Si nous eussions voulu nous conformer à ce précepte, nous n'aurions pas entrepris de réfuter l'ouvrage de M. Magendie, car malgré les innombrables observations qu'il entasse en faisant expériences sur expériences, son système est parfaitement dans ces conditions : en effet ce n'est pas en étudiant l'homme chez les animaux qu'on peut parvenir à le connaître : sa connaissance exige une étude directe. Ainsi que l'a fort bien dit le savant professeur Lordat l'homme a des lois qui lui sont propres et en dehors de celles qui régissent les autres animaux (2).

---

(1) Magendie. Page 181 vol. 2.
(2) Leçons orales en 1837 et en 1838.

L'auteur concourt puissamment à démontrer le vice radical de ses observations dans le moment même où il fait cette déclaration.

Fort des expériences qu'il vient de rapporter dans ce passage, il veut arguer des phénomènes produits par une substance introduite dans les veines à ceux qu'on doit en attendre dans l'administration thérapeutique des médicamens. Nous observerons, outre que l'expérience est faite sur un chien, que nous n'avons pas l'habitude de violenter la nature pour introduire nos médicamentations par une autre voie que le tube digestif, dans lequel s'opère un travail approprié. M. Magendie ne dit-il pas lui-même : « Ses propriétés vénéneuses ou nutritives (*de la fécule*) » dépendent donc uniquement de la manière dont elle » pénètre dans l'économie. (1) » Or ce qui est vrai pour la fécule, l'est également pour toutes les autres substances ; car il en dit autant du mercure (2) et détruit ainsi, si tant est qu'ils en eussent, toute la valeur de ces prétendus enseignemens et conclusions tirés de comparaisons qui n'ont et ne sauraient avoir entr'elles la moindre relation. Qu'il vienne nous dire ensuite, en parlant de l'importance de ses expériences : « Pourquoi négliger un mode de re- » cherches si fécond en résultats utiles pour la » connaissance et le traitement des diverses mala- » dies ! (3) » Quand à nous, nous sommes encore

---

(1) Mag. P. 188 v. 2. — (2) P. 193 v. 2. — (3) P. 164 v. 1er.

à attendre les fruits de cette fécondité , et nous pensons que la médecine et surtout les pauvres malades seraient bien à plaindre , si l'auteur prophétisait vrai, en disant : » C'est dans cette étude de la phy-
» sique vitale que repose l'avenir de la médecine. (1) »

« Il faut se garder de tirer d'un fait isolé des con-
» séquences générales , (2) » parce que très souvent un fait se trouve infirmé par un autre. Nonobstant ce sage précepte, M. Magendie, ne cesse d'agir ainsi dans tout le cours de son ouvrage. Toujours des résultats d'une expérience il entend conclure à des applications générales ; encore sont-elles d'un autre ordre , ce qui les rend et plus prétentieuses , et plus dangereuses. Du reste , nous ferons observer qu'il serait nécessaire que ses lois prétendues générales remplissent toutes les conditions démontrées si né-cessaires par le professeur Lordat. (3) Il faudrait qu'elles pussent, sinon rendre compte de tous les faits épars et rares de la science , au moins les classer sans être infirmées par eux ; de telle sorte qu'ils ne nous missent pas dans l'alternative de les nier, ou de convenir de la défectuosité des lois nous servant de point de départ. Ces conditions sont d'autant plus nécessaires, que l'auteur dit : « Il faut préciser da-
» vantage quand il s'agit d'interpréter des faits phy-
» siques. Un esprit sévère ne se contente pas de ces

---

(1) Magendie. P. 310 v. 1er. — (2) P. 291 v. 1er.
(3) De l'importance des cas rares : Leç. d'ouv. 1838 - 39.

» explications superficielles. (1) » Après une telle
phrase on croirait vraiment qu'il est d'une sévérité et
d'une rigidité à toute épreuve dans l'explication de ses
expériences et autres phénomènes ; aussi pour ne pas
induire notre lecteur dans une telle méprise , nous
empressons-nous d'ajouter qu'il admet les hypothèses
et les ; « *il est probable* » dont il fait un fréquent
usage.

Bien qu'il soit impossible de procéder par les faits
dans tout ce qui est moral, du ressort de la psycolo-
gie, nous avons toujours été persuadé qu'on pouvait
cependant considérer ces sciences comme certaines.
Pourtant M. Magendie nous apprend : « Il n'appar-
» tient qu'à l'expérience de dire : ceci est, ceci n'est
» pas. (2) » Il vous faut, dit-il, procéder par vos
sens. Cependant dira-t-il que, parce qu'elles sont
dénuées de preuves matérielles , nous ne saurions
croire à la réalité de nos pensées, de nos percep-
tions ? Eh non! Il est une conviction morale telle
qu'on peut la regarder comme plus certaine et moins
trompeuse que nos convictions matérielles ; car , souvent nos sens nous trompent : les hallucinations dont
il fait mention en sont d'irrécusables preuves ; (3)
et puis , connaissant la cause de si peu de phénomènes , nous courrions grand risque de nous méprendre
sur leur véritable source , attribuant à l'une ce qui
est l'effet d'une autre. Sans parler des moyens de

---

(1) Mag. P. 303 v. 1er. — (2) P. 18 v. 2. — (3) P. 16 v. 2.

prestidigitation , des idées préconçues, auxquels le plus souvent notre conviction se rattache , je crois la puissance de mon assertion suffisamment dé-montrée par la phrase suivante : l'auteur ne craint pas d'affirmer qu'on ne trouverait pas deux méde-cins d'accord sur la nature d'une affection , etc. , etc. (1). Or, il me semble très facile de trouver un grand nombre de personnes qui , alors même qu'elles pro-fessent des principes opposés, seraient parfaitement d'accord sur l'importance et la certitude d'une vérité, d'une pensée, d'un objet , qui ne pouvant tomber sous nos sens , sont uniquement du ressort de la psy-cologie. Si notre conviction ne naît que des preuves , (2) quelles sont celles que l'on pourrait demander ou fournir en faveur de ces principes, de ces vérités admis par tous les peuples et sur lesquels repose la base de toute société?

Il n'est pas difficile de saisir le but de semblables propositions. Après avoir tout fait pour démontrer l'importance, l'infaillibilité, la toute puissance des phénomènes physiques, M. Magendie craint de ne pas avoir déterminé une conviction à toute épreuve; alors il faut bien renchérir. Quels moyens? Pré-munir les esprits contre les vérités d'un autre ordre, jeter le mot de métaphysique, comme un épou-vantail, au devant de tout ce qui dépend du dy-namisme vital, tandis que tout ce qui se rattache

(1) Magendie. P. 6 v. 2. — (2) P. 19 v. 2.

au mécanisme est amplement, commenté, si non dé—
montré ; et tel est le genre de certitude auquel ces prétendus phénomènes physiques conduisent, que nous ne
saurions supposer chez l'auteur lui même une intime conviction.

Ce n'est pas certainement l'assurance qui lui manque. Voyez plutôt : « Répétées un certain nombre
» de fois dans des circonstances données dont nous
» modifions à notre gré les conditions, elles *(nos expé-*
» *riences)* forment des unités comparables. Parce que
» vous aurez réuni les maladies par groupes isolés,
» portant chacun une étiquette, croyez-vous arriver
» à des identités de même nature? Ce serait étran-
» gement s'abuser. *Chaque individu porte en soi un*
» *cachet spécial* qui se retrouve partout dans l'état
» physiologique comme dans l'état pathologique. (1)»
« Ainsi donc nos expériences échappent à ces cau-
» ses d'erreur, par cela même que nous agissons
» avec des faits de semblable nature. Bien loin d'être
» incertains sur leurs causes, c'est nous-mêmes qui
» les déterminons au gré de notre volonté, au gré de
» notre caprice. (2) » Voilà ce me semble de singu-
lières incohérences. Veut-il donc n'admettre des vérités que pour les opposer *sarcasmatiquement* à ses ad-
versaires ; ou aurait-il sitôt oublié qu'il compte lui
aussi avec *des individus portant en eux un cachet spécial,*
et dont il nous a dit : les phénomènes physiques

---

(1) Magendie. P. 130 v. 3. — (2) P. 131 v. 3.

« nous ramènent au niveau du plus humble mam-
» mifère, dont l'organisation peut le disputer à la
» nôtre par la perfection et l'*harmonie* de son en-
» semble. (1) » Il veut cependant conclure de ses expériences sur eux comme d'expériences faites sur des
corps inertes, sans tenir aucun compte des modifications apportées par leur vitalité, *leur cachet spécial.*

Ne sait-il pas, comme l'a fort bien dit P. Frank :
« Que des expériences tentées sur des êtres vivans
» au milieu des douleurs atroces et de la terreur
» qui étouffent le sentiment d'une irritation légère
» sont bien capables d'induire en erreur. (2) » Je sais
bien que M. Magendie ne tient pas grand compte
de l'influence de pareilles causes, surtout si l'animal ne se plaint pas. Car il nous dit : « Il crie,
» quand il souffre ; il se tait, quand il ne souffre
» plus. (3) » D'ailleurs, afin de mieux ligitimer l'influence exercée par la vitalité, le cachet spécial de tout
être vivant, nous allons parcourir au hasard quelques-
unes de ses expériences qui se chargeront de prouver mieux que nous ne pourrions le faire, combien
ses déductions peuvent être d'une application générale. Bien plus, pour ne pas m'exposer à une accusation de partialité, autant que possible je le char-
gerai lui-même du soin de la réfutation.

---

(1) Magendie. P. 57 v. 3.
(2) Médecine pratique P. 303 v. 3.
(3) Magendie. P. 161 v. 3.

En parlant de la sensibilité du pneumo-gastrique, il
dit : « Vous ne trouverez peut-être pas deux espèces
» dans les animaux, deux animaux dans la même espèce,
» chez lesquels la huitième paire jouisse d'une sen-
» sibilité parfaitement identique. (1) » Quelques lignes
plus bas nous lisons : « La sensibilité des deux nerfs
» n'est pas la même sur le même animal. Vous coupez
» la huitième paire d'un côté, rien; » de l'autre,
vous déterminez « tous les signes d'une vive dou-
» leur. » « Maintenant même que je connais l'organe
» qui a souffert, je ne puis *nullement* m'expliquer
» les phénomènes observés pendant la vie. (2) » Enfin
pour ne pas trop dégarnir momentanément l'immense
recueil de faits et de déclarations de ce genre, que
l'auteur a bien voulu nous fournir, je me bornerai
à faire remarquer que certaine observation par lui
rapportée est fort importante à noter (3) : en premier lieu elle nous prouve que la nature n'a pas
besoin des combinaisons chimiques pour arriver
à un résultat identique à celui qu'il obtient, en la
violentant de toute manière. Ce cas, comme beaucoup d'autres, l'oblige à reconnaître son impuissance;
car rien ne l'autorise à soupçonner la présence d'une
seule de ces conditions si *indispensables.* De plus
on voit par cette observation qu'il ne suffit pas de
remplir toutes les conditions chimiques pour obtenir un résultat vital : dans cette circonstance, le

(1) Mag. P. 160 v. 3. - (2) P. 36 v. 2. - (3) P. 140 v. 1er.

sang veineux avait bien passé par le poumon ; conséquemment il avait été en rapport avec l'oxigène :
pourtant on le trouve dans des conditions identiques
à celles qu'il présenterait s'il n'avait été exposé à
son contact.

Après cela, qu'on m'explique, s'il est possible,
la portée de déclamations telles que les suivantes :
« Quelles immenses ressources une étude approfondie
» de ces phénomènes (*physiques*) fournirait au méde-
» cin jaloux de prendre pour guide une saine théorie
» plutôt qu'un aveugle et honteux empirisme ! (1) »
Ce langage emphatique rapproché d'aveux incessans,
est vraiment par trop ridicule, alors surtout que M.
Magendie se plaît à nous démontrer sans cesse que
toutes ses actions sont fondées sur l'empirisme et
même sur un empirisme grossier, puisqu'il ne saurait chercher à expliquer les phénomènes produits.

Justifiant par une explication chimique, (2) la
non-réussite d'une expérience rapportée, (3) l'auteur
se laisse aller à une exclamation aussi bizarre qu'é-
trange. « Quelles lois vitales pourraient-elles invoquer
» (*les personnes qui ne voient rien de chimique dans*
» *les êtres vivans*) pour interpréter un fait de cette
» nature ? Sans doute avec de l'imagination on peut
» faire des *rêves*, des suppositions ingénieuses ; mais
» il n'appartient qu'à la science expérimentale de

_____

(1) Mag. P. 142 v. 1er. — (2) P. 94 v. 1. — (3) P. 90 v. 1.

» donner des explications exactes et rigoureuses. (1) »
Il me semble qu'outre l'inconvenance de pareilles sorties, c'est perdre bien vite le souvenir de
son impuissance à expliquer tout phénomène d'un
ordre tant soit peu relevé ; impuissance qu'il lui faut
avouer à chaque pas et qu'il a déjà proclamée si hautement, notamment dans les passages du même volume où il dit : « Pour les expliquer, je confesse
» hautement mon ignorance. (2) »

M. Magendie ne nous déclare-t-il pas encore :
« L'étude expérimentale des phénomènes physiques
» de la vie, (*est le*) seul moyen d'asseoir l'édifice
» médical sur des bases *vraies* et *solides*. (3) » A
ce propos je demanderai ce que peut signifier cette attention d'accompagner de temps à autre le mot physique de *vitale* ou *de la vie*. L'auteur veut-il dire par là
que ces phénomènes sont dûs au seul mécanisme? Mais,
cela n'est pas et il devrait en être convaincu par ses
propres expériences. Entend-il parler des relations
qu'il peut y avoir entre les phénomènes du mécanisme
et ceux du dynamisme vital? Mais alors il ne ferait
que répéter ce que tout le monde sait et je ne vois
pas quelle pourrait être l'utilité de son ouvrage. Quand
il nous dit : « En présence de semblables faits qui
» oserait contester la *nécessité* des connaissances phy-
» siques(4) » pour la pratique de l'art médical ? Nous

(1) Mag. P. 95 v. 1er. — (2) P. 16 v. 1er. — (3) P. 121 v. 1er.
— (4) P. 133 v. 1er.

pourrions bien chercher à voir si cette *nécessité* est de premier ordre, et peut-être ne nous serait-il pas difficile de prouver qu'elle n'est pas des plus *nécessaires* ; mais nous n'avons jamais nié leur utilité. De tout temps leur étude a été cultivée au point que les faits qu'il rapporte complaisamment dans ce passage, sont depuis longues années acquis à la science; mais nous taxons d'extravagante et de dangereuse la prétention d'expliquer par les connaissances physiques les phénomènes vitaux, surtout quand on en veut tirer toutes les indications thérapeutiques.

M. Magendie se trouve dans une grave erreur s'il pense qu'avant lui les phénomènes du mécanisme étaient négligés, inconnus. Outre qu'il ne nous apprend rien de nouveau, nous ne comprenons ni le but, ni la portée de déclarations telles que celle-ci : « La marche, la course, le saut, seront pour » vous des problèmes inexplicables, tant que vous » persisterez à n'envisager le corps que sous le » point de vue vital, et non plus comme une machine composée de leviers et de puissances mécaniques. (1) » A ce propos il lance force quolibets et sarcasmes contre ceux que leur défaut d'études a forcés par intérêt à se montrer hostiles à l'application des sciences positives à la médecine, attendu qu'il leur eût fallu descendre de la chaire professorale aux bancs de l'école. Nous ignorons quelles allusions

(1) Magendie. P. 25 v. 2.

M. Magendie prétendrait faire dans ce passage (1) ; ce que nous savons bien c'est que Barthez, qui certes était, si je ne me trompe, vitaliste, n'a pas envisagé ni expliqué autrement la théorie de nos mouvemens et de la station. (2) Du reste, s'il l'ignore, je suis bien aise de lui dire que les vitalistes ne se nourrissent pas d'hypothèses, d'aperçus vagues. Il leur faut une alimentation plus substantielle : l'étude du mécanisme leur est indispensable ; et bien qu'ils la rangent au dessous de celle du dynamisme vital, ils ne les séparent jamais : car ils savent que si, pour l'intelligence des mouvemens stratégiques, il faut étudier et connaître la topographie des lieux, il est aussi indispensable de connaître le théâtre dans lequel les puissances vitales opèrent, et le mode de fonctionner des instrumens dont elles se servent.

L'auteur se chargeant toujours de nous fournir le correctif de toutes ses aberrations, au moyen d'aveux d'autant plus précieux que leur rareté et leur entourage nous les signalent, nous dit : « Telle « est la perfection,... de nos appareils organiques , » que tout en mettant à contribution les lois connues » de l'hydrodynamique, bien loin de tout expliquer , » nous sentons à chaque instant l'insuffisance de » nos lumières et l'impuissance de nos efforts. (3) »

(1) Magendie. P. 25 v. 2.
(2) Nouv. méc. des mouv. de l'homme et des animaux.
(3) Magendie. P. 81 v. 2.

De telles déclarations devraient être faites pour cor-
roborer et démontrer, s'il en était besoin , les preuves de l'influence, du concours des facultés vitales ; mais il ne voit seulement pas qu'elles annihilent,
ses hautes prétentions à tout expliquer par les lois
physiques, et à nous donner des leçons, alors qu'il
ne fait que répéter et reproduire ce qu'on a dit tant
de fois depuis plus de vingt-deux siècles. Comment
ensuite voudrait-il qu'on le crût sincère quand
dans le même volume il dit : « Trop long-temps les
» sciences physiques ont été bannies de son domaine ;
» (de la physiologie) trop long-temps privés de son
» flambeau , les médecins se sont égarés dans
» les sentiers ténébreux de la vitalité. (1) » Des phrases de cette espèce ne sont plus que des déclamations sans portée , nous pourrions presque dire
des paroles sans idée.

Ses qualifications des phénomènes vitaux sont tout
aussi inconcevables. En voici quelques échantillons.
« Quand nous rencontrons un phénomène réellement
» vital, disons plutôt, et notre langage sera plus franc
» et plus scientifique , disons plutôt : voilà un fait que
« j'essaierais en vain d'expliquer, car il n'est pas donné
» à mon intelligence de le comprendre. (2) » Et plus
loin , en parlant des phénomènes purement vitaux :
« ceux-ci,... ont pour caractère essentiel de ne pou-
» voir être interprétés. Ils échappent à nos analyses,

---

(1) Magendie. P. 114. v. 2. — (2) P. 104 v. 2.

» ils échappent à nos raisonnements, ils échappent
» souvent même à nos recherches expérimentales ;
» leur domaine est celui du doute et de la con-
» jecture : (1) » Certainement ils échappent et échap-
peront à vos raisonnemens, à vos analyses et à vos
expériences si vous voulez les faire cadrer avec vos
raisonnemens et vos analyses mécaniques; car il est de
notables différences entre le mécanisme et le dynamisme vital. Pour comprendre cet ordre de faits au lieu
de s'entêter à vouloir les faire converger vers un ordre de phénomènes qu'ils dominent, il faut par-
tir de principes différens. M. Magendie nous a appris que : « nos organes pour fonctionner reçoivent
» l'influence d'une cause simple ou multiple *mani-*
» *feste dans ses effets,* caché dans son essence. (2) »
S'il ne l'eut oublié, à l'aide de l'induction baconienne il se serait livré à l'étude de ces effets dans
lesquels il reconnaissait son influence *manifeste ,* il
eut groupé ensemble les phénomènes dynamiques
vitaux. Appuyé sur un ensemble de faits du même
ordre, il eut élevé une théorie particulière à ce
genre de phénomènes, sans avoir plus de prétention à expliquer par cette théorie les phénomènes
physiques qu'à interpréter les premiers à l'aide d'une
théorie physique. Les nier, les repousser parce qu'ils
ne sont pas expérimentalement démontrables, ce
serait se montrer complétement étranger à la psy-

---

(1) Magendie. P. 129 v. 2. — (2) P. 46 v. 2.

cologie et nier cette science ainsi que nombre d'autres de même nature à la tête desquelles nous placerons la théologie, la stratégie, la politique.

Voulez-vous une preuve du peu d'importance que M. Magendie attache aux phénomènes du dynamisme vital, quand il s'agit de l'intelligence et de l'interprétation de phénomènes, qui pourtant dépendent peut-être uniquement de cette cause ? Après avoir construit une hypothèse ingénieuse pour légitimer la mort d'un de ses chiens, il n'hésite pas à déclarer : « J'attribue la mort à la viscosité de la » liqueur et non au volume de ses grains ; car les » conditions physiques restant les mêmes, puisque » ceux-ci avaient deux fois traversé impunément les » vaisseaux pulmonaires, il n'y avait pas de motifs » pour qu'ils ne pussent pas les franchir une troi- » sième. (1) » Qu'il nous dise ensuite, « je ne suis » point partisan des systèmes exclusifs. (2) » S'il ne l'est pas, c'est que vraisemblablement la signification des mots aura changée ; car enfin, quelle est la part qu'il attribue à la vitalité dans la production de phénomènes développés chez des êtres vivans ? Je ne sache pas qu'il ait pris une seule fois la peine de la mentionner : voyez plutôt ! En parlant de la grippe, il dit : « C'est seulement sous le point de vue » physique que nous l'envisagerons. (3) » De plus, nous lisons dans l'explication qu'il en donne : « vous

---

(1) Mag. P. 327 v. 2. — (2) P. 86 v. 4. — (3) P. 139 v. 2.

» verrez par l'examen des lésions cadavériques qu'il
» existe une analogie bien grande, peut-être même
» une similitude parfaite entre les désordres que
» cette affection entraîne dans la circulation pulmo-
» naire et ceux que nous produisons à notre gré
» dans nos expériences du laboratoire. (1) » C'est fort
possible et nous n'attaquons pas cette assertion ; mais
nous dira-t-on s'ils ont été produits non pas par une
cause parfaitement identique, (condition indispensable pour les grouper) mais seulement par une
cause qui eût de bien grandes analogies ?

Ceci nous rappelle que l'auteur s'élève contre les
prétentions et le ridicule de ceux qui croient et prétendent tout expliquer par le mot *inflammation* et nous
apprendre quelque chose. (2) A notre tour nous lui
demanderons s'il nous apprend davantage par ses
dissertations sur les lésions organiques, les modifications physiques apportées dans la constitution du sang,
la perméabilité du tissu pulmonaire. Prétend-il par là
nous dévoiler la cause de la maladie ? Il n'en fait
rien. Pourtant c'est là que devraient tendre ses efforts
s'il voulait réellement que ses travaux pussent être
utiles et profitables à la science.

Je le demande : Est-il possible de pousser l'*exclusivisme* plus loin? M. Magendie avance que c'est
aux lois physiques qu'il faut demander l'explication
du mécanisme du mode de transmission des maladies

---

(1) Magendie. P. 139 v. 2. — (2) P. 147 et 148 v. 2.

contagieuses. (1) Si les maladies contagieuses étaient
du ressort des lois physiques, il s'en suivrait que tous
les individus placés dans les mêmes conditions devraient en être également atteints, et l'on sait le
contraire bien que nous n'ayons pu, jusqu'à ce jour,
trouver des raisons plausibles pour expliquer cette
différence.

Nous n'avons pas de peine à croire qu'un homme
qui veut parler de tout soit embarrassé par des
questions de ce genre ; aussi voyons-nous que le
plus souvent l'auteur coupe court à la difficulté par
une négation. C'est ainsi qu'il rejette avec ironie
l'influence et les effets de la révulsion et de la dérivation dans les saignées, (2) l'influence des constitutions médicales dans la production et la modification des maladies. (3) Cependant il est encore trop
médecin pour être conséquent avec de pareilles néga-
tions ; aussi, bien qu'il compare les effets des saignées
dérivatives et révulsives à l'emploi des amulettes et
nous dise : « Qu'est-ce, physiologiquement parlant,
» qu'une saignée révulsive, dérivative? Je n'en sais
» rien. (4) » Cependant nous lisons : « Ce n'est pas en
» soustrayant des quantités données de sang, mais
» bien seulement en les déplaçant qu'on parvient à
» diminuer la circulation dans telle partie pour l'ac-
» tiver dans telle autre. (5) » Mais excellant dans l'art

---

(1) Mag. P. 63 v. 1er. — (2) P. 33 v. 3. — (3) P. 411
v. 3. — (4) P. 32v. 3. — (5) P. 231 v. 3.

de se contredire, il avance ici qu'on n'a pas plutôt enlevé la ventouse ou ouvert le robinet que les effets produits disparaissent et que tout rentre dans l'ordre; (1) là il rapporte des observations de guérisons obtenues par l'usage de cette espèce de dérivation; (2) puis de nouveau il dit que la saignée d'élection est une chose de la dernière indifférence et que dans une apoplexie, autant vaut ouvrir l'artère tibiale que l'artère temporale. (3)

Les rapprochemens sont vraiment une étude trop curieuse et trop intéressante pour les abandonner sitôt. En faisant la critique de l'anatomie pathologique, considérée comme base de l'édifice médical, M. Magendie place les réflexions suivantes : « Les lésions » trouvées sur le cadavre peuvent-elles nous rendre » compte de tous les phénomènes observés pendant » la vie ? Ce serait étrangement s'abuser que d'avoir » de semblables prétentions. Ne voyez-vous pas que » la lésion locale n'est le plus souvent que l'expression » apparente de causes connues ou ignorées, qui in- » fluent sur l'économie toute entière? S'attaquer » seulement à une partie isolée en présence d'une » perturbation générale et profonde, ce serait n'en- » visager qu'une fraction d'un tout morbide. (4) » Ce qu'il reproche avec tant d'énergie à l'anatomie pathologique, il ne cesse de le faire en faveur de ses

---

(1) Magendie. P. 230 v. 3. — (2) P. 231 et 232 v. 3. — (3) P. 105 v. 3. — (4) P. 12 v. 2.

idées. Consultez son langage en parlant de l'épi-
démie de grippe alors régnante à Paris : « Oui , une
» altération du sang peut seule déterminer cette
» série d'accidents qui frappent l'organisme dans son
» ensemble. Sa nature nous échappe , mais ses effets
» sont trop manifestes , trop caractéristiques pour
» que nous puissions encore élever des doutes sur
» sa réalité. Modifiez les élémens du sang sur l'a-
» nimal vivant , quel sera l'organe le plus grave-
» ment affecté ? Le poumon : c'est également le
» poumon qui , dans la grippe , présente les prin-
» cipaux désordres. (1) » Qu'avons-nous à faire de ces
données nécroscopiques si elles ne peuvent éclairer
la nature de la maladie ? C'est à la recherche de la
cause et non point des effets que nos efforts doivent
tendre. Dans presque toutes les maladies , les effets ,
quoique souvent variés , ne nous sont que trop connus;
mais par quels moyens la nature les détermine-t-elle ?

Son assurance est très-bonne et fort heureuse pour
lui ; mais où peut nous conduire toute cette inter-
minable série d'expériences ? L'auteur prétend-il en
faire l'application à la médecine ? Pour cela il faudrait que la nature employât les mêmes moyens à
les produire, et il n'en est rien. Veut-il à l'aide de
ces expériences établir sans contestation les lésions qui
doivent en être la conséquence ? Mais , outre qu'elles
trompent fort souvent son attente , pour en pouvoir

---

(1) Magendie. P. 167 v. 2.

faire une heureuse application au diagnostic et au
pronostic des maladies, il faudrait que les malades
eussent été soumis aux mêmes causes, ce dont Dieu
les préserve. Au reste, de quelle utilité voudrait-il
que ses expériences nous fussent, quand il dit en
parlant des suites fâcheuses de la grippe : « Com-
» ment aurions-nous pu prévenir cette terminaison
» fatale? Il nous eût fallu ramener le sang altéré
» à sa composition normale, et malheureusement
» nos moyens sont nuls ou impuissants. (1) » Ne voyez-
vous pas qu'un tel aveu d'impuissance met à nu la
futilité de toutes ses expériences? En ne considérant
la maladie que dans un de ses effets, M. Magendie
est encore réduit à déclarer qu'il ne saurait en arrêter les suites, ni modifier, comme il le prétend,
la composition physique du sang.

Je veux bien croire également qu'il y ait eu une
analogie frappante entre les symptômes offerts par
une femme atteinte d'une fièvre dite typhoïde et ceux
présentés par le chien privé de sa fibrine (2) auquel à trois reprises on avait soustrait la première
fois 3 grammes de fibrine, (3) la seconde 4 grammes (4), la troisième 3 grammes, (5) et dans les veines
duquel on avait chaque fois réinjecté le sang ainsi
défibriné : mais quelle relation prétendrait-on établir
entre des phénomènes déterminés par des causes si

---

(1) Mag. P. 168 v. 2. — (2) P. 241 v. 2. — (3) P. 205
v. 2. — (4) P. 221 v. 2. — (5) P. 239 v. 2.

différentes? Car enfin cette réinjection a contribué autant que la défibrination du sang à mettre le chien dans cet état. Après les deux premières tentatives, la force vitale avait lutté victorieusement contre ces causes délétères, et la preuve, c'est que l'auteur convient que l'animal était en apparence rétabli. Si sa malade lui présente un état en apparence analogue dans la composition du sang, ce phénomène ne peut du moins être attribué qu'à une modification, une altération du sang tellement en dehors des causes physiques ou même appréciables qu'il lui serait impossible de déterminer à quelle époque cette altération a commencé, et d'assigner la marche qu'elle a suivie, soit dans sa période d'accroissement, soit au contraire dans la période de décroissement, lors de la guérison des malades. Ce serait bien pis encore s'il était obligé de nous faire connaître par suite de quelles modifications, de quels agens, la cause délétère a ainsi varié d'intensité, a pu être détruite ou même remplacée par une autre agissant en sens inverse.

Aveuglé qu'il est par la toute puissance des phénomènes physiques, M. Magendie va jusqu'à nous dire qu'il attend de la chimie les moyens de restituer au sang, dans bon nombre de maladies telles que la peste, le choléra, le typhus, la fièvre jaune, la fièvre typhoïde, etc., sa coagulabilité normale. (1) Absolu

---

(1) Magendie. P. 7 v. 3.

ment il ne saurait s'élever jusqu'aux causes; c'est bien assez pour lui de considérer les effets comme s'ils étaient des élémens primitifs. Pour que son espoir eût en pareille circonstance, une ombre de raison, il faudrait que ce fût par une opération chimique antérieure que le sang eût perdu cette propriété, si tant est qu'elle soit alors perdue; car autrement, la cause subsistant toujours, l'effet se reproduirait sans cesse. Voyez si la nature nous indique le besoin de prendre nos organes pour des cornues de laboratoire : emploie-t-elle quelqu'agent chimique externe pour lutter contre ces maladies ou pour les détruire?

Par suite de sa manière exclusive de raisonner, l'auteur ne craint pas d'avancer que, si le sang vient à être privé par une cause quelconque de sa coagulabilité, « l'existence est compromise et cesse » en peu de temps. (1) » C'est là une des mille et une circonstances dans lesquelles on devrait lui rétorquer cette phrase : « A quoi bon montrer par des ré- » futations sérieuses, le néant de tant d'hypothèses? » Les transcrire littéralement, c'est en faire une » assez sévère critique. (2) » Car enfin, comment, je ne dirai pas, expliquerait-on, mais comprendrait-on alors la guérison de malades atteints d'une des nombreuses maladies dans lesquelles il affirme que le sang a perdu sa coagulabilité? Niera-t-il aussi, quand déjà nous lui en avons fourni une preuve, entre toutes celles

---

(1) Magendie. P. 44 v. 4. — (2) P. 439 v. 3.

que nous nous réservons, les convalescences, les re-
tours à la santé de chiens soumis à ses expériences
décoagulantes ? Ne verrez-vous pas qu'il y a une
puissance qui, luttant contre les effets délétères des
substances introduites dans l'économie des animaux
soumis à nos expériences, tend à neutraliser leurs
effets pernicieux ? M. Magendie nous raconte qu'un
chien après avoir été soumis à une première expérience avait présenté dans tous les viscères et
dans le sang des accidens d'un caractère plus grave
que ceux déterminés chez d'autres animaux par la
défibrination. (1) Or à la même page il nous dit : « L'a-
» nimal commençait à reprendre des forces et mê-
» me il entrait en convalescence, lorsqu'il y a deux
» jours, nous avons injecté de nouveau dans la ju-
» gulaire dix grammes de carbonate de soude. Tous
» les accidents ont immédiatement reparu. » Je crois
la manifestation de l'intervention active de la force
vitale parfaitement démontrée par ce commencement
de guérison ; et si l'auteur ne s'était chargé de nous
fournir des preuves encore plus évidentes de son action, j'eusse été porté à considérer celle-ci comme
suffisante.

   « Vous vous rappelez que nous développons l'oph-
» talmie à volonté en introduisant dans les veines
» d'un animal une solution de carbonate de soude.
» C'est un phénomène *constant*. » Tel est son lan-

_____

(1) Magendie. P. 330 v. 3.

gage ; (1) pourtant il me souvient qu'un chien sur lequel il avait déterminé une ophtalmie lui fit dire : « Aujourd'hui les yeux sont beaucoup plus mala- » des, et, ce qu'il y a de fort singulier, ils le sont » à des degrés différents. (2) » Sont-ce là ces phéno- mènes *constants* ? Mais ces mécomptes ne sauraient diminuer en rien son assurance : en effet nous lisons : « Telle est la précision attachée à ces études ex- » périmentales, que nous pourrions hardiment po- » ser le problème suivant : une quantité donnée » de fibrine étant soustraite, ou de sous-carbonate » de soude étant injectée dans les veines, de quelle » nature seraient les symptômes ? Il n'en est pas un » d'entre vous, Messieurs, qui ne fût maintenant » en état de le résoudre. (3) » Il est possible qu'ils se crussent en état d'émettre une hypothèse en faveur de la solution du problème, de l'avancer comme étant une probabilité ; mais autrement je suppose que, plus prudens que leur professeur ou mieux instruits de la certitude des faits antérieurs, il se garderaient bien de s'exposer à recevoir des démentis de la na- ture de celui mentionné à la page 358. Un infor- tuné chien dont l'histoire, mémorable dans les fastes contradictoires des expériences, se trouve relatée avec détail (4) nous apprend que son sang est resté coa- gulable et très coagulable, bien qu'il ait été soumis

---

(1) Mag. P. 444 v. 3. —(2) P. 325 v. 3. —(3) P. 332 v. 3. — (4) P. 357 v. 3.

à une injection dans les veines de 80 grammes de sous-carbonate de soude. (1) Pourtant 25 grammes de la même substance avaient suffi pour déterminer la mort d'un autre chien. (2) Bien plus c'est qu'alors qu'il avait déjà supporté une injection de 60 grammes il arrache cette remarque « Et, chose » remarquable, il paraît moins malade aujourd'hui » qu'après la première injection. (3) » Aussi, ce chien né vraisemblablement pour démontrer, de la manière la plus péremptoire, l'importance et surtout la certitude constante des phénomènes physiques développés chez les êtres doués de la vie, met-il l'auteur dans le cas de dire : » Il y a donc là quelque chose » qui nous échappe. (4) » Mais de s'occuper de ce quelque chose, d'en traiter, de consigner son importance, de chercher à reconnaître ses effets, soit rancune, soit oubli, il n'en est pas question.

M. Magendie en parlant des membranes qui se trouvent dans la texture des vaisseaux, dit : « Comme » ces membranes sont composées de principes im— « médiats animaux, les divers réactifs chimiques » agiront sur elles pendant la vie, de la même ma— » nière qu'après la mort. La théorie l'indique, l'ex— » périence le prouve. Faites passer directement dans » la circulation, des substances ayant une action sur » ces matières animales, vous trouvez les vaisseaux

(1) Mag. P. 359 v. 3. — (2) P. 359 v. 3. — (3) P. 357 v. 3. — (4) P. 359. v. 3.

» raccornis, gonflés, épaissis, ramollis, altérés,
» en un mot, dans leur texture suivant l'espèce de
» réactif employé. Sont-ce là des effets chimiques,
» ou bien des conséquences de la vitalité ? (1) » Jamais
le doute, toujours la même assurance. C'est oublier
bien vîte que les effets chimiques sont souvent mo-
difiés dans ses expériences par l'intervention de la vitalité. Fort souvent au moyen d'un travail qui nous
est inconnu, elle triomphe des obstacles, ne laissant
aucunes traces des effets qui eussent été infailliblement
produits en agissant sur le cadavre. Il est si vrai qu'il
n'y a pas uniformité physique dans la manière
dont nos organes sont impressionnés par les agens
pharmaceutiques, qu'il nous dit : dans la rage,
« l'opium, l'acide prussique, les substances les plus
» narcotiques, tout est sans action sur ce trouble
» effrayant. (2) » Du reste, m'expliquerait-on chimiquement la formation du kyste qui dans l'observation curieuse rapportée par Laënnec, préserva une
femme de sa première tentative d'empoisonnement,
en enveloppant dans ses parois l'once d'arsénic
qu'elle avait avalée ? (3) Mais qu'est-il besoin de
recourir aux auteurs pour démontrer qu'opérer sur
le vivant n'est point opérer sur un cadavre ? Mieux
que personne l'auteur se charge de nous convaincre (à la vérité sans en tenir compte) de l'influ-

---

(1) Magendie. P. 186 v. 2. — (2) P. 201 v. 2.
(3) Traité de l'Auscultation médiate, p. 347 v. 3.

ence toute puissante que peut exercer le dynamisme vital sur les phénomènes développés dans le
mécanisme. N'a-t-il pas écrit dans son ouvrage :
« Nous vous avions prédit que l'élévation de tem-
» pérature du liquide injecté augmenterait la pres-
» sion ; la pression à diminué. Nous vous avions pré-
» dit que l'abaissement de température du liquide
» injecté diminuerait la pression : la pression a aug-
» menté. Si nous nous étions trompé une première
» fois, nous nous sommes trompé une seconde. Nous
» n'avons pas même eu compensation. (1) » En présence de telles déclarations, peut-on, je vous le demande, ajouter quelque créance à l'importance qu'on
doit attacher aux résultats de ses expériences, à l'infaillibilité de ces mêmes résultats et aux progrès qu'ils
doivent faire faire à la science ?

Nous avouons ingénûment toute la faiblesse de
notre intelligence se refusant à saisir la signification de phrases telles que les suivantes. « Arrivons
» maintenant à des faits pathologiques d'une plus
» haute importance : ce sont encore des phéno-
» mènes physiques ; mais ils sont *incompatibles* avec
» l'état de santé, et créent des maladies de toutes piè-
» ces. (2) » Avez-vous jamais vu que, généralement
parlant, les maladies soient créées de toutes pièces ?
Pour nous, nous avons toujours lu, entendu et vu
le contraire. Il n'existe pas d'interruption entre l'état

---

(1) Magendie. P. 239 v. 3. — (2) P. 246 v. 2.

de santé et l'état pathologique. Loin de là, la nature passe souvent d'un état à l'autre par une série de transitions presqu'imperceptibles et dans lesquelles la progression est parfois si peu marquée, qu'on croirait y voir une indécision résultant de la lutte engagée entre l'établissement de la maladie aux dépens de la santé et le rétablissement de celle-ci cherchant à détruire ou éliminer la première. Avec la théorie précitée on est dans la nécessité de mettre les convalescences dans la même catégorie que la révulsion, la dérivation, les constitutions médicales, etc., etc. On est réduit à nier des faits exerçant la plus grande influence dans la pratique médicale.

Que ma tâche serait rude s'il me fallait suivre M. Magendie dans toutes ses aberrations! En vérité, il n'est peut-être pas dans tout son ouvrage, une seule proposition qui ne puisse être attaquée et infirmée. Si du moins il était constant dans ses hallucinations, conséquent avec elles : mais non ! Après s'être évertué à nous prouver que la fièvre typhoïde, la peste, le choléra, le typhus, la fièvre jaune dépendent d'une altération du sang (1), que la gangrène sénile est due à une même cause (2) et que la fièvre d'hôpital se développe sous la même influence ; (3) il dit en parlant de la fièvre typhoïde : « Le meilleur, (*traitement*) à mon avis, est de rester » à peu près inactif : Mais, Messieurs, on meurt aussi

---

(1) Mag. P. 8. v. 3. — (2) P. 11 v. 3. — (3) P. 13 v. 3.

» avec tous, et je crois qu'ici la mort ne deviendra
» une exception que quand on sera parvenu à res-
» tituer au sang l'intégrité de ses propriétés. Nous
» avons trouvé le moyen de lui enlever sa coagu-
» labilité : il s'agit maintenant de chercher à la lui
» rendre. (1) » Pourtant il déclare avec ingénuité :
« Savoir que le sang s'est coagulé, ce n'est pas avoir
» beaucoup avancé la question ; ce qu'il importe
» surtout de bien connaître, de bien établir, c'est la
» cause première qui lui a ôté la propriété de rester
» fluide. (2) » Plus loin nous lisons : « Il n'y a pas de
» médecin antiphlogistique qui, à propos d'une in-
» flammation, ne prescrive des boissons délayantes, de
» l'eau de poulet, de gomme, de mauve, etc. Que de-
» vient le liquide ingéré dans l'estomac? Absorbé par
» les veines, il passe dans la circulation. Cependant
» ce sont les solides que vous voulez atteindre ; pour-
» quoi donc vous servir de l'intermédiaire des liqui-
» des? Il y a là, je le répète, inconséquence. Ou le
» sang est constitué normalement, ou il ne l'est
» plus : dans le premier cas, vos tisanes sont inu-
» tiles, nuisibles même ; dans le second, elles sont
» indiquées, mais alors vos théories sont fausses. (3) »
En entendant parler de la sorte, on croirait vraiment que les solides sont inertes, n'ont aucune part
dans les phénomènes de l'organisme, et surtout que
telle est la conviction de l'auteur : prend-on la peine

---

(1) Mag. P. 10 v. 3. — (2) P. 11 v. 3. — (3) P. 16 v. 3.

de lire la page suivante, on y trouve : les solides
« constituent un des principaux éléments de la ma-
» chine humaine, et le plus souvent c'est par leurs
» maladies que nous reconnaissons celles des liqui-
» des. »

Revenons sur nos pas et voyons s'il n'y a pas contradiction manifeste entre ces divers passages et d'autres publiquement enseignés dans une même leçon.
De bonne foi, quelle relation peut-on établir entre
les résultats fournis par une expérience dont tout
le but était de produire un phénomène en violentant
la nature de toute manière; et ce même phénomène
se développant spontanément sans avoir besoin de
l'introduction, dans l'organisme, de toutes ces substances délétères qu'on y fait forcément pénétrer. ?
Pour qu'il y eût relation, il faudrait par des expériences parvenir à développer un état pathologique
analogue, uniquement en plaçant l'animal dans des
conditions factices identiques à celles auxquelles on
peut supposer que l'homme a été exposé pour la production et le développement de ces maladies : au lieu
de cela, M. Magendie intervertit, enraye la marche
de la nature sous prétexte de l'interroger, de surprendre ses secrets.

Il confesse que pour lui le meilleur mode de traitement est de se renfermer dans la médecine expec-
tante; cependant ce serait le cas de recourir à la
chirurgie infusoire pour restituer au sang l'intégrité
de ses propriétés : seulement il serait à souhaiter

que les résultats fussent différens de ceux par lui obtenus chez de malheureux hydrophobes. Poursuivons : l'auteur avoue que c'est ou à peu près n'avoir rien dit que d'avoir proclamé, fût-ce avec vérité, la coagulation du sang dans une affection donnée ; que l'important serait de connaître, d'établir la cause première de ce phénomène. Pense-t-il la trouver en suivant la marche qu'il semble s'être irrévocablement tracée ? Croit-il arriver à la découvrir en injectant dans les veines des substances plus ou moins délétères ? Quel rapport y a-t-il entre cette manière de procéder et celle suivie, employée par la nature ? Ne dit-il pas : « et vous ne voulez pas qu'un élément » morbide quelconque, *développé dans l'économie* ou » apporté du dehors, produise les mêmes effets ? (1) » Il existe donc des élémens morbides susceptibles de se développer dans l'économie et capables pourtant de produire les mêmes effets que ceux auxquels on arrive par l'emploi de tous les moyens artificiels ?

Comment prétendre atteindre ces élémens morbides tant qu'on ne voudra s'attaquer qu'à leurs manifestations, refusant de voir ou de reconnaître le principe immédiat de leur formation, la puissance occulte de leur développement ? Ici M. Magendie est humoriste et humoriste exclusif ; bien mieux il trouve ridicule ou tout au moins contradictoire de prétendre traiter

---

(1) Magendie. P. 12 v. 3.

les maladies des solides par l'ingestion de substances médicamenteuses en boissons ou par des applications externes sur la peau. Il se fonde sur ce que devant passer par le sang pour arriver à leur destination, agir ainsi c'est s'attaquer à ce liquide et employer conséquemment des moyens nuisibles, s'il est à l'état normal, ou reconnaître une altération dans sa composition, quand les médications sont indiquées. Avec une doctrine aussi étroite on ne peut que se traîner dans l'ornière, si même on ne se laisse cheoir dans le bourbier. La nôtre est autrement large : nous ne nous fourvoyons pas aussi facilement dans des qualifications, des classifications en maladies des fluides, maladies des solides. Nous pensons que la force vitale peut toujours tenter des efforts pour éliminer le principe morbifique introduit ou développé dans notre organisme. Nous sommes persuadé qu'elle jouit de la faculté de faire concourir à ce but tous les matériaux indiqués que nous lui fournissons, par quelque voie qu'ils soient introduits. Nous expliquerait-on autrement comment telle substance, utile dans une maladie donnée, est pourtant douée d'une action délétère sur quelqu'une de nos parties constituantes ou sur l'organisme entier lorsqu'elle est prise dans l'état de santé? Ingérée dans la première circonstance, loin de produire un fâcheux résultat elle va au contraire, comme par enchantement et à souhait, s'appliquer à la partie affectée; ou du moins c'est sur elle seule que la force vitale semble diriger l'influence due à sa présence.

Enfin, après avoir construit un échafaudage pénible, pour démontrer que les maladies doivent être
toutes sous la dépendance unique des fluides, par
la dernière citation empruntée à son ouvrage, M. Magendie sape lui-même sa base de manière à le faire
crouler, j'ose dire, ridiculement. Pour nous, nous
reconnaissons non-seulement des maladies dépendantes de l'altération des solides ou des liquides, et des
uns et des autres réunis; mais encore nous croyons
qu'il existe des affections non localisées dépendantes uniquement d'une manière vicieuse dont la force
vitale accomplit ses fonctions. Ces altérations finissent
quelquefois par produire des effets fâcheux sur les
solides ou les liquides, ou sur les uns et les autres
déterminant ainsi des maladies consécutives. Pour
chercher à détruire ou à modifier les affections de cet
ordre, il faut savoir, qu'en outre du mécanisme, il
existe un dynamisme vital et que c'est à corriger le
mode d'action de ce dynamisme que doivent tendre
nos efforts.

Il nous tarde de mettre fin à ce premier chapitre,
déjà beaucoup trop long, d'autant mieux que le but
de l'auteur est assez manifeste, pour nous dispenser
de le démontrer par d'aussi longues énumérations.
Au reste, on reconnaîtra plus directemment encore,
s'il est possible, ses tendances dans une foule de
passages précieux que nous aurons occasion de citer.
Nous allons terminer par quelques considérations
suggérées par une note qui se trouve sous notre main.

M. Magendie vient de s'évertuer à prouver qu'un
fait pathologique, qui lui a été communiqué par un
*interne de l'Hôtel-Dieu qui s'occupe avec lui des études
sur le sang* (1), vient confirmer les résultats de ses
expériences et il ne craint pas d'avancer : « Voilà un
» fait examiné sous un nouveau point de vue, dont
» toutes les circonstances concordent avec ce que
» nous ont appris nos expériences antérieures. Quel-
» les sont, je vous prie, les théories que l'on voit
» ainsi confirmées de point en point par le premier
» cas venu? Ce sont celles que l'on a puisées dans
» la nature même, abstraction faite de toute idée
» préconçue, de tout esprit de parti, et que par
» conséquent les phénomènes naturels ne peuvent
» jamais renverser. (2) » C'est perdre bien vite la
mémoire des faits antérieurs et nous devons convenir
qu'il y a dans sa manière une légèreté bien juvénile.
Nous ne nous arrêterons pas à prouver que le fait,
dont il est ici question, n'est pas le moins du monde
dans les conditions du premier cas venu. Nous voulons bien le croire ou du moins fermer les yeux sur
cette petite supercherie. Nous allons plus loin : nous
consentons à admettre et rapprochement et interprétation, si faciles pourtant à réduire à leur juste
valeur; mais tout en voulant bien passer sur toutes
ces circonstances, nous demanderons si c'est sérieu-
sement que l'auteur ose attribuer à ses théories d'être

---

(1) Magendie. P. 261 v. 4. — (2) P. 266 v. 4.

confirmées par le premier fait venu. En vérité nous ne saurions le supposer ; car vraiment, nous serions très embarassé s'il nous fallait mentionner ici tous les cas dans lesquels il a eu le triste avantage de décheoir de ses illusions et de voir ses propres expériences fournir, dans des conditions identiques, des résultats tout-à-fait opposés.

Si je ne craignais d'affaiblir le peu d'intérêt qu'on peut prendre à la lecture de ce travail, j'enregistrerais à ce sujet quelques exemples de ces nombreux mécomptes ; en ayant le soin d'en emprunter à chaque volume. Mais, je le répète, j'ai grand besoin d'en conserver pour les disposer de distance en distance, afin de pouvoir offrir, à chaque halte, au lecteur complaisant, quelques parallèles pour l'indemniser et le remercier de sa peine. Du reste j'ai déjà eu occasion d'en citer un certain nombre. Toutefois, je ne saurais résister à la tentation d'en rapporter quelques-uns absolument identiques et qui suffiront, je pense, pour dissiper jusqu'à l'apparence du plus léger doute, même chez le lecteur le plus prévenu en faveur du professeur du collége de France.

A la page 203 du premier volume, il se complait à décrire minutieusement les altérations que doit lui présenter un chien auquel il avait coupé la huitième paire du côté droit ; or, ce malencontreux chien trompe et déjoue entièrement tous les calculs de ses expériences. En effet, l'auteur nous avoue dans une petite note qu'il ne s'est trouvé aucune altération (1) bien qu'il dût rencontrer un poumon profondément altéré, hépatisé, etc. (2)

Les détails qu'il nous fournit ensuite sur cette expérience, (3) sont fort curieux ; et nous sommes très surpris qu'il n'en ait pas compris toute la portée. Dans ses nombreuses expériences, il ne songe jamais à tenir compte des troubles occasionnés par l'instantanéité de ses opérations. M. Magendie, attribue tous les phénomènes survenus à la présence des liquides injectés, ou aux conséquences directes de la manière d'agir de l'opération. Ne sait-il pas que la douleur seule est capable de modifier bien diversement et notre sensibilité et nos organes ? De plus, ce cas nous montre les immenses ressources de la force vitale. Avec des phénomènes et des lois purement physiques arrivera-t-on jamais non-seulement à expliquer, mais à produire d'aussi merveilleux résultats, quel que soit le temps qu'on laisse écouler ? Il nous prouve en outre que la force vitale, momentanément abattue, est susceptible de reprendre ses fonctions et son empire.

L'auteur entre ensuite dans une digression anatomique afin de reconnaître la nature intime de la cicatrice qui s'est développée pour suppléer au retranchement d'un pouce et demi du nerf. (4) Eh que nous importe sa texture ! Si, anatomiquement

---

(1) Mag. P. 204 v. 1er. — (2) P. 203 v. 1. — (3) P. 205 et 206. — (4) P. 206.

parlant, elle n'était pas la même que celle des nerfs,
il a bien fallu, tout au moins, qu'elle pût servir au
même usage.

En présence d'un tel fait, quelle importance peuvent avoir ces solutions de problèmes physiques, puisqu'il est bien démontré que les fonctions du dynamisme vital peuvent s'exécuter parfaitement, bien qu'il
y ait altération dans le mécanisme, et que celui-ci
peut, par la seule intervention de celui-là, revenir à
son état primitif ou tout au moins à un état analogue.

Je terminerai par une dernière citation peut-être
encore plus curieuse par le parallèle qu'elle nous
permet d'établir.

Aux pages 208 et 209, du premier volume,
continuant la même série d'expériences, M. Magendie, en rapporte deux, identiquement pareilles, dont
les résultats sont pourtant diamétralement opposés.
Dans le mécanisme ou les apparences extérieures,
rien ne peut seulement en faire soupçonner la cause.
Les voici :

1er CHIEN.	2me CHIEN.
1° Aucun signe de douleur pendant ou après la section des nerfs de la huitième paire pratiquée des deux côtés.	1° Au moment de leur incision, l'animal a éprouvé un petit mouvement convulsif.
2° « Il reste toujours assez « calme, il garde un repos « parfait; ses mouvements « respiratoires se succè- « dent avec liberté. »	2° « Il se débat en tous sens, « et paraît en proie à une « anxiété des plus vives, « la suffocation est immi- « nente.... Le voilà main- « tenant qui vomit,.... »

CHAPITRE II.

ABSORPTION. — POROSITÉ. — IMBIBITION.

> « Non tam facilis ingressus acrium in minima
> » vasa, ac crediderunt multi. »
>
> (Van-Swieten.)

Nous voici maintenant dans les détails. Nous allons suivre M. Magendie pas à pas dans les nombreuses découvertes dont il a enrichi la science, cherchant à réfuter, autant que nos faibles moyens, soutenus par l'excellence de notre cause, pourront nous le permettre, ses conclusions étayées d'expériences dont la futilité et le vice nous ont déjà si souvent été démontrés.

Nous commençons par l'absorption, grand et vaste sujet auquel il a consacré de nombreuses pages. C'est afin de mieux éloigner les esprits de toute idée de participation de la force vitale à l'accomplissement de cette fonction, qu'il a cru convenable de la dénommer, le plus souvent, porosité, imbibition, voire même endosmose. Nous avons accepté ces dénominations pour être mieux à même de le suivre sur son terrain.

Afin de bien établir, dès le principe, les motifs de notre critique, nous allons débuter par une citation : « Le nombre des phénomènes vitaux a été

» singulièrement restreint de nos jours ; chaque
» fois qu'on parvient à faire passer l'un d'eux dans
» la classe des phénomènes physiques , c'est une
» nouvelle conquête pour la science dont le domaine
» se trouve agrandi. Les mots sont alors remplacés
» par les faits , l'hypothèse par l'analyse. Il n'y a
» pas vingt ans que l'absorption était encore rangée
» sous la dépendance absolue des lois vitales. (1) »
Puis, continuant sur le même ton , il prétend avoir
fait définitivement passer l'absorption dans la classe
des phénomènes physiques. Il nous apprend également
ment « que les phénomènes d'imbibition , de per-
» méabilité aux gaz, etc. , se passent exactement dans
» les membranes organisées et vivantes comme dans
» les corps inertes. (2) »

Pour éviter de nous exposer immédiatement, peut-
être même sans être entendu , à être bafoué et traité
de visionnaire , nous allons gagner un peu de temps
et de patience par le récit de quelques faits ou observations.

Nous expliquerait-on avec cette théorie comment,
dans les mêmes circonstances, un individu est tout
gonflé d'emphysème , tandis que les autres ne le sont
pas ? Serait-il plus facile de nous donner la raison
pour laquelle ces phénomènes physiques ne se développent pas dans toutes circonstances ; par exemple,
lors de l'ingestion d'un virus ? Ne sait-on pas qu'on
a pu impunément avaler le venin d'une vipère, et que

(1) Magendie. P. 20 v. 2. — (2) P. 13 v. 4.

des faits de ce genre n'ont eu, le plus souvent, des
suites fâcheuses que dans le cas d'ulcération dans
la bouche ou les autres parties du canal alimentaire
ou du tube digestif?

Je tiens de l'obligeance d'un médecin distingué
de cette ville l'observation suivante : un jeune ouvrier
s'était mis en pension chez une femme. Celle-ci s'étant
éprise d'amour pour lui, commença par lui prodiguer
des soins et des attentions de toute espèce. Le jeune
homme reconnaissant s'y montrait très-sensible; toutefois il ne songeait seulement pas à l'en remercier
par des témoignages d'amour. (Il est bon de dire que
la femme était plus que d'un certain âge; elle eut pu
facilement être sa mère.) Poursuivant ses desseins avec
une ténacité d'autant plus opiniâtre qu'elle avait quelques raisons de redouter l'insuccès, cette femme ne
tarda pas à recourir à des moyens coupables pour
arriver à son but. A ses incessantes agaceries elle
voulut joindre un moyen plus puissant, et ne trouva
rien de plus commode que d'appeler à son aide
les ressources pharmaceutiques. Elle eut donc le soin
d'assaisonner les mets de son pensionnaire avec
certaines doses de poudre de cantharides. Tout
en en épiant les effets, elle cherchait à les accroître
encore par un redoublement de soins et de minau-
deries : mais peines, grimaces et soins tout était superflu; notre nouveau Camille restait froid, insensible.
L'amante opiniâtre crut devoir augmenter la dose de
son philtre. Pour tout résultat elle détermina de vio-

lentes coliques chez le dédaigneux objet de ses feux. Celui-ci souffrant appela la médecine à son secours.

Trop jeune pour supposer de telles roueries il ne fit pas mention de ces détails. Bien que la cause fut inconnue, un traitement fut indiqué ; mais à quelques jours de là, notre malade revint se plaindre de plus belle, accusant l'inefficacité des remèdes. Toutefois, chose surprenante, ajouta-t-il, et qu'il ne savait à quoi attribuer, il assurait avoir remarqué, depuis un certain temps, que ses matières fécales se trouvaient avoir toutes les apparences de la poudre de cantharides. Le médecin doutant de l'exactitude du fait et étonné cependant de l'acuité persévérante des douleurs, l'engagea à le faire prévenir la première fois qu'il ferait pareille remarque, afin qu'il pût s'assurer de la vérité de son assertion. Le jeune homme n'eut garde d'oublier cet avis, et dès le lendemain il vint communiquer à son médecin les soupçons de la veille. Celui-ci ayant ordonné l'examen des matières, il fut reconnu qu'il s'y trouvait mélangée une telle quantité de poudre de cantharides, qu'elle eût été plus que suffisante pour déterminer, par empoisonnement, la mort du sujet. Le savant docteur s'enquit dès-lors de tous les détails capables de dévoiler la cause de la présence de cette substance, et il ne tarda pas, par les renseignemens antérieurs, à déclarer que notre mégère avait dû progressivement porter la dose jusqu'à la quantité présentement reconnue. Puis il adressa au jeune homme cette question : n'avez-vous jamais cru voir chez cette femme des preuves évidentes d'un attachement voisin de l'amour?... Je ne sais, répondit-il, mais elle m'accable de caresses, de flatteries, de soins, etc., etc. Et vous, continua l'interrogateur, n'y avez-vous jamais répondu?... Comment, reprit-il, eussé-je pu y songer! Elle serait ma grand-mère.

Le médecin restant convaincu du crime de cette femme, conseilla, pour tout traitement, au malade de changer de pension. Dès le jour même il suivit ce sage conseil, et par ce moyen disparurent et coliques et selles cantharidées.

Une circonstance fort importante à noter dans cette observation, c'est que tous les effets de l'administration des cantharides furent concentrés sur les intestins et que, contrairement à ce que nous connaissons sur l'emploi de cet agent, il ne se manifesta aucun accident, pas même le plus léger symptôme du côté de la vessie ou des organes génitaux.

En présence de tels faits on a peine à croire au langage de M. Magendie. Vainement cherchera-t-il à ridiculiser toute interprétation tendant à démontrer que le rôle des vaisseaux absorbans n'est pas uniquement passif. Libre à lui de les appeler *porcs-portiers*, *portiers intelligens*, le fait n'en existe pas moins. (1)

Qu'on n'aille pas croire pourtant que nous soyons disposé à leur attribuer un rôle supérieur à celui qui leur est dévolu physiologiquement; nous ne sommes nullement porté à croire à leur intelligence. Nous

---

1) Magendie. P. 124 v. 2.

sommes aussi éloigné de l'exagération de Bichat,
que de celle que nous reprochons à M. Magendie :
nous n'attribuons point aux vaisseaux absorbans
la *propriété*, mais bien la *faculté* de choisir les
substances. Il y a sensibilité vitale et élection dans
leur manière de fonctionner, mais, en soutenant
cette thèse, nous n'entendons pas dire que la
force vitale qui préside à ce phénomène soit infaillible ; les empoisonnemens nous prouvent trop souvent le contraire. Nous prétendons qu'il est aussi
absurde de soutenir que leur rôle est toujours passif,
que de prétendre que la force vitale ne saurait se
trouver en défaut. Ce serait pour elle un trop grand
privilége dont notre intelligence aurait le droit de
se montrer jalouse ; car nous ne savons que trop
que... *Errare humanum est.*

Je doute réellement, après de tels faits et d'autres
analogues, qu'on puisse ajouter foi à la manière de
voir de l'auteur, alors même qu'il nous dit, avec la
plus grande assurance : « Maintenant chacun sait
» que toute substance acide ou alkaline, utile ou
» délétère, est absorbée aussitôt qu'elle est mise en
» contact avec nos tissus. Il n'y a donc là qu'un
» phénomène d'imbibition, et tout ce qu'on a dit de
» l'intelligence des pores n'est qu'un roman aujour-
» d'hui suranné. (1) » « Mettez un liquide en contact
» avec une surface quelconque du corps d'un animal
» vivant, il s'imbibe dans les tissus, et même

(1) Magendie. P. 14 v. 1.

» beaucoup mieux qu'il ne s'imbiberait après la
» mort. (1) »

Si, comme il nous l'assure, ces phénomènes étaient
purement physiques et dus à l'imbibition, s'opérant
sur le cadavre ainsi qu'à l'état de vie, que ne
renonce-t-il à sa manie cannicide ? Qu'il prenne des
cadavres, qu'il parvienne à nous y démontrer les
mêmes résultats et des phénomènes identiques à ceux
observés sur le vivant, et alors seulement nous serons
les premiers à tirer des conclusions telles que celles
qu'il émet aujourd'hui. En attendant, qu'il se montre
et plus prudent et plus circonspect ! Car enfin, si
les phénomènes de l'absorption étaient des phénomènes physiques, il ne devrait y avoir aucune différence entre la manière dont ils se développeraient
sur le vivant ou chez le cadavre ; ce seraient alors des
propriétés inhérentes à la constitution moléculaire de
nos organes, et la vie ne saurait en accélérer ni
en amoindrir les effets. Or, M. Magendie signale lui-
même une différence.

Une différence autrement plus importante est
celle de la transsudation, qui a toujours lieu sur le
cadavre et se manifeste si rarement pendant la vie.
On sait, par exemple, que la vie durant, et même
quelques heures après le trépas, la vésicule de la
bile n'est point pénétrée par le liquide qu'elle contient ; tandis qu'en ouvrant un cadavre 48 heures
après la mort, on la trouve profondément colorée

-----

(1) Magendie. P. 19 v. 1.

en vert, la bile s'est extravasée à travers ses parois jusque dans les intestins. Ce phénomène, ainsi que nombre d'autres, est dû uniquement à la transsudation cadavérique. Donc, après avoir démontré que les vaisseaux absorbans ont la *faculté*, sous l'influence de la force vitale, de faire choix des substances dont ils se laissent pénétrer, nous démontrons que ce phénomène, eût-il lieu sans élection, ne saurait néanmoins être rangé dans la classe des phénomènes physiques immuables de leur essence.

Au surplus, la pathologie nous fournit des exemples concluans pour infirmer les deux dernières propositions avancées par M. Magendie et relatées p. 61 de notre critique. En effet, la première est renversée par les observations auxquelles l'emploi de l'onguent égyptiac a donné lieu. On sait que, bien qu'ordinairement ses effets soient toniques et excitans, on a vu plusieurs cas dans lesquels son emploi a donné lieu à des empoisonnemens; alors qu'on y avait recours dans le même but, afin de déterminer par son application sur des ulcères sordides, une réaction susceptible de ramener les parties à un mode de vitalité plus élevé.

La seconde proposition est également détruite par les faits constatant, que certaines personnes, au sortir du bain, présentent une augmentation de deux ou trois livres dans leur poids; alors que nombre d'autres n'offrent aucune variation. Dans les ascites on observe fort souvent des faits de ce genre. Par exemple, il n'est pas rare de voir des hydropiques se refuser à boire pour ne pas favoriser les progrès de leur maladie; et nonobstant cette privation, la sérosité ne laisse pas que de s'accroître dans une très-forte progression, surtout avec les temps humides, par suite de l'absorption de l'eau atmosphérique. Ces observations deviennent encore plus sensibles, lorsque plusieurs hydropiques se trouvent réunis dans une même salle : il n'est pas rare alors d'observer chez certains d'entre eux, les jours où l'atmosphère est chargée d'humidité, une notable augmentation dans le volume de leur abdomen ; augmentation due à une plus grande accumulation de liquide. Ces phénomènes auraient-ils lieu s'il y avait passivité dans l'action des bouches absorbantes, si, en un mot, l'absorption était un phénomène physique ?

Après avoir cherché à prouver la porosité de nos tissus et l'identité de leur porosité avec celles des corps bruts, M. Magendie nous dit : « C'est en vertu » de cette même porosité que les boissons que vous » prenez avec vos aliments passent dans les veines, » et sont ainsi transportées dans le torrent de la » circulation. (1) » S'il était vrai que ce fût en vertu de leur porosité et d'une porosité identiquement la même que celle des corps bruts, elles seraient toujours transportées avec la même activité et une uniformité constante. Dans cette circonstance nous empruntons encore à la pathologie un nouvel exemple

(1) Magendie. P. 13 v. 1.

démontrant l'action de la vitalité dans les phénomènes d'absorption. Dans le diabètès, s'il n'y avait absorption de la partie aqueuse de l'air, les malades pourraient-ils fournir jusqu'à 20 litres d'urine par jour, alors qu'ils n'en boivent pas un seul? Et si ce phénomène dépendant de la porosité était dû à la seule imbibition physique, ne serions nous pas tous atteints de cette maladie, et au même degré? Est-ce ainsi, je le demande, que les choses se passent? Y aurait-il une différence dans la nutrition, lorsque les substances alimentaires liquides sont introduites par le tube intestinal, au lieu d'être ingérées par l'œsophage; et comment serait-il possible, sans accident, d'administrer des remèdes à plus haute dose par la méthode endermique, que par l'ingestion dans l'estomac? N'y aurait-il pas une différence analogue dans la production et l'intensité des effets déterminés par l'action de ces substances, si M. Magendie était fondé à dire : « Toute la théorie de l'absorption » des aliments liquides, des boissons, des médica- » ments, etc., quelle que soit la voie par laquelle » on les fasse pénétrer, repose sur les phénomènes » de l'imbibition, et n'en est qu'une conséquence » rigoureuse. (1) »

Veut-on avoir une idée de la force des déductions thérapeutiques auxquelles des théories de cette nature peuvent conduire? Je vais en donner un

---

(1) Magendie. P. 23 v. 1.

exemple et l'on verra combien elles sont justes, raisonnables, profondes. Avez-vous affaire à des « hydropisies générales dépendantes d'une affection » organique du cœur,.... au lieu de recourir à des » frictions *insignifiantes*,...... pratiquez de petites » incisions dans les points les plus déclives des mem — » bres. (2) ». Telle est la portée des préceptes auxquels cette mesquine théorie conduit, et dites ensuite que les produits ne sont pas dignes de l'œuvre ! D'ailleurs c'est se montrer conséquent : car, grâce aux sublimes lois physiques, l'imbibition donnera issue à la sérosité qui pourra bien avoir, par aventure, certaine analogie avec l'histoire du Tonneau des Danaïdes. En effet, si elle ne coule pas toujours, elle pourra du moins se reproduire sans cesse, puisque la cause, qu'en agissant ainsi vous ne songez seulement pas à combattre, persistera. Ces *insignifiantes* frictions médicamenteuses pourraient peut-être bien, surtout en les appuyant d'un traitement interne bien entendu et habilement dirigé, déterminer la résorption de la sérosité ; et, par l'absorption de leurs principes médicamenteux, détruisant ou diminuant la cause morbide, l'altération vitale ou organique, tarir la source de la sérosité : mais de tels phénomènes sont indignes de nous occuper ; et M. Magendie a raison de les délaisser : ils ne sont nullement du ressort de la physique, pas même de la chimie.

Continuant à traiter des phénomènes d'imbibition,

---

(1) Magendie. P. 102 v. 1.

il nous rapporte (1) les résultats de deux expériences
auxquelles un fait de sa pratique avait donné lieu.
Dans ce cas il agissait sur des malades affectées de
tumeurs, pour lesquelles il pratiquait des injections.
Or, voici que chez l'une d'elles les phénomènes prétendus d'imbibition se développent régulièrement ; par
suite, l'opération est suivie du succès. L'autre se trouvant être rebelle à l'exécution de ces lois il a, dit-il,
« été obligé de l'abandonner à elle-même. » Pauvre
malade qu'il a fallu abandonner puisque les lois
générales de la physique ne pouvaient rien sur elle !
Cet insuccès me suggère une remarque : ces prétendus phénomènes physiques pourraient bien ne pas
être tels, peut-être même se rattacheraient-ils à un
ordre de phénomènes tout-à-fait opposés ; car, enfin,
une loi physique générale ne saurait compter une négation sur deux affirmations. Il serait, ce me semble,
dans ce cas, beaucoup plus simple, peut-être même
plus rationnel, de voir, comme tout le monde, dans
l'action du vin chaud injecté dans la tumeur, un
moyen de porter un trouble modificateur dans la
vitalité de ses parois, de relever par la tonicité et
l'excitabilité de ce liquide les facultés des vaisseaux
absorbans ou, pour parler son langage, de désobstruer
les pores qui, si souvent d'eux-mêmes, sans le
secours ni l'aide de nos faibles moyens, livrés à leurs
uniques ressources, font, sous l'influence de la force
vitale, disparaître des engorgemens, des épanche-
mens rebelles à tous nos moyens.

(1) Magendie. P. 105 v. 1.

Admirez combien sont immenses les ressources de la physique et les services qu'elle rend à la médecine ! M. Magendie vous dit : « Aussi le médecin » prévoyant ne doit-il jamais faire appliquer des sang- » sues sur le visage ou sur la poitrine d'une femme » du monde qui tient à sa beauté. (1) » Voulez-vous savoir pourquoi ? Je vais le charger de vous l'apprendre : parce que leurs piqûres déterminent la formation de zônes circulaires de nuances diverses de coloration ; lesquelles zônes « persistent pendant quel- » que temps. » En conséquence fussent-elles tant et plus indiquées, de leur application la vie ou du moins le soulagement, la santé de votre malade devraient-elles dépendre : on vous criera, au nom de M. Magendie : arrêtez..... Les lois de l'endosmose ne vous apprennent-elles pas qu'il y aura une extravasation *momentanée*?

On a peine à croire qu'un tel ouvrage, sorti de la plume d'un professeur, soit réellement l'exposé de leçons faites publiquement au collége de France ! En y lisant de pareils enseignemens, nous sommes vraiment tenté de penser qu'il y a eu perversion, erreur dans la rédaction de certains passages ; car nous ne saurions supposer qu'à Paris, au collége de France, on puisse trouver un auditoire capable de s'empresser pour aller recueillir de tels préceptes.

Une plus mûre réflexion nous a donné, je pense, la raison de cet empressement. La diction élégante et

---

(1) Magendie. P. 102 v. 1.

facile du professeur, l'adresse et la patience dont il fait preuve, en faisant ses expériences, nous en donneraient la raison suffisante ; si nous ne savions que, fort souvent, le fond est sacrifié à la forme. Agir ainsi est peut-être le meilleur moyen de s'assurer la constance de ses auditeurs en se conciliant leur intérêt. La vérité aurait peu d'attrait pour un public parisien habitué à l'élégance et à la pureté de la forme, à laquelle il attache une grande importance. Malheureusement, en voulant embellir ainsi une science aussi austère que la médecine, on court grand risque de la dénaturer. Des leçons de ce genre peuvent être bonnes, faites au collège de France, alors que dans les salles attenantes on discourt sur la littérature et autres sciences dont l'étude souriante prête plus à l'imagination qu'à la réflexion. Mais quand de pareils enseignemens tombent entre nos mains, en perdant leurs attraits et leurs charmes, ils courent grand risque de perdre aussi leur valeur. Dans une faculté de médecine, toutes les parties de l'enseignement doivent être faites dans une teneur en rapport avec la logique nécessitée par la gravité de la science. Nos professeurs ne nous familiarisent pas avec ce genre *écumeur*. Plus les propositions qu'ils ont à énoncer sont arides et abstraites, moins ils songent à les encadrer d'un entourage gracieux et facile. Ils préfèrent nous préparer à des méditations qui nous absorbent, plutôt que de s'exposer au chagrin de nous voir négliger le fond, les parties essentielles, pour ne nous attacher qu'à la forme, perdant notre temps à courir après des feux follets.

Qu'est-il besoin de prendre la peine de la réfutation : M. Magendie ne s'est-il pas, chaque fois, chargé lui-même de ce soin? Il s'agit uniquement de chercher et de rapprocher les passages. A la page 105 du premier volume, parlant des phénomènes qui se passent dans un phlegmon, il est encore forcé de convenir de son ignorance. Cet aveu toutefois a lieu de nous surprendre ; car il ne s'agit pas d'un phénomène vital ; mais tout simplement de la cause *physique* d'un phénomène....... (1) L'auteur connaît pourtant toute l'élasticité de ces lois, et le cas nous semble assez grave ; car il ébranle tout son échaffaudage de preuves, entassées pour démontrer l'évidence de la certitude et de l'infaillibilité de l'imbibition. Dans les cas de résorption, de résolution, il ne nous semble pas que son explication soit admissible. Je ne sache pas en effet qu'on ait pu suivre et démontrer ce passage du pus, cette extravasation de proche en proche, dans toutes les parties ambiantes, lesquelles devraient alors en être imbibées, pénétrées.

-----

(1) Magendie. P. 108 v. 1.

CHAPITRE III.

EXHALATION. — ÉVAPORATION. — EXHIBITION.

La nature a placé à l'extrémité des conduits
excréteurs des sentinelles qui les ouvrent et les
ferment selon ses ordres.
(P. FRANCK, *Médec. prat.*, t. 3 p.. 2,).

« De nombreuses et pénibles recherches nous con-
» duisirent à établir que le phénomène de l'absorption
» et de l'*exhalation* n'est qu'une conséquence de la
» propriété qu'ont nos tissus de se laisser imbiber
» par les liquides et les gaz. C'est ainsi que nous
» ramenâmes au domaine de la physique une fonc-
» tion envisagée jusqu'alors comme essentiellement
» vitale. (1) »

Dans sa 9me leçon, M. Magendie traitant de l'é-
vaporation nous apprend, que si notre corps ne se
dessèche pas par suite de l'évaporation continuelle,
c'est parce que les liquides que nous buvons, rem-
placent ceux que nous perdons sans cesse par la transpiration. Pour preuve il nous cite l'évaporation des
humeurs de l'œil qu'on remarque sur le cadavre.
Puis il ajoute : « Ne croyez pas que ce soit là un
» phénomène uniquement cadavérique. Toutes les

_____

(1) Magendie. P. 21 v. 2.

» personnes qui ont observé le terrible choléra asiatique, » ont pu voir que les malades « offraient des
» yeux ternes, vides et contractés comme ceux d'un
» cadavre déjà avancé. (1) » Dans ce cas pour expliquer ce phénomène il ajoute à la première théorie la
suivante : « Dans le choléra, le symptôme le plus
» général et le plus constant est l'absence complète
» de toute circulation.... L'œil s'affaisse donc chez le
« cholérique parce que cet organe ne reçoit plus
» de sang pour remplacer les humeurs qui, soumises
» *toujours* aux lois physiques, s'imbibent et s'éva-
» porent ? (2) »

Nous ne saurions admettre aucune de ces deux
explications aussi hypothétiques l'une que l'autre :
car nous aussi, nous avons vu des cholériques, nous
en avons vu un très-grand nombre, alors qu'en 1835,
membre de la commission Lyonnaise, nous fûmes
envoyé sous la présidence du docteur Monfalcon,
porter secours à ces infortunés. Nous n'avons cessé tout
le temps de notre séjour, de leur prodiguer nos soins;
ce qui, du reste nous a valu une récompense honori-
fique de la part de la ville de Marseille : et soit à
Marseille, soit à Lunel, (où nous fûmes plus tard
envoyé par M. Achille Bégé, alors comme aujourd'hui
Préfet du département de l'Hérault), nous avons vu
la plupart des cholériques non seulement boire, mais
boire volontiers beaucoup et souvent. Nous n'avons
vraisemblablement pas été les seuls à observer ce

(1) Magendie. P. 86 v. 1. — (2) P. 87 v. 1.

symptôme ; car parmi ceux consignés dans l'ouvrage
de MM. Dubreuil et Rech nous trouvons le suivant;
» Soif inextinguible. (1) » dont ils disent : « elle n'a
» manqué peut-être jamais , etc. , etc. (2) »

Quant à la seconde raison, elle n'est pas plus fondée,
et ne saurait conséquemment être acceptée. En effet,
dans un certain nombre de cas pathologiques tels
que la syncope, l'asphyxie, il y a tout aussi bien,
et même mieux, absence complète de circulation ;
car le pouls n'est nullement perceptible tandis que
nous avons pu, pour l'ordinaire, le percevoir dans des
cas de choléra non contestés : (3) pourtant, dans ces
circonstances pathologiques, la syncope, l'asphyxie,

---

(1) Rapport sur le Choléra-morbus asiatique, p. 100.

(2) Loco citato, p. 107.

(3) On trouve consignée dans le travail de la commission
lyonnaise cette possibilité de reconnaître et d'apprécier
les pulsations. On lit en effet : « Il fallait beaucoup d'atten-
» tion, et quelque habitude pour découvrir, sous une peau
» plissée, et dans l'artère presqu'entièrement vide que
» pressaient nos doigts, quelques pulsations sourdes, fili-
» formes et intermittentes. (a) »

Le même fait est encore rapporté ainsi : « quoique nous
» ayons vu des cholériques en grand nombre et dans toutes
» les périodes de la maladie, nous avons pu toujours dis-
» tinguer quelques pulsations si ce n'était dans la radiale,
» ni dans l'humérale, ni dans les carotides, c'était du moins
» dans le cœur. (b) »

(a) P. 47 de l'histoire du choléra asiatique observé à Marseille par
les vingt-et-un membres de la commission lyonnaise.

(b) Ouvrage cité des professeurs Dubreuil et Rech, P. 112.

l'œil ne présente pas cette altération; en un mot, il ne se dessèche et ne se plisse pas.

D'ailleurs, si dans cette circonstance nous avions affaire à un phénomène physique d'évaporation, il suivrait la même progression que chez le cadavre; or, on sait que l'invasion de la maladie fut souvent très rapidement suivie de la mort; cependant l'œil des cholériques ne laissait pas que de présenter cette ressemblance avec ceux d'un cadavre *déjà avancé.*

M. Magendie ne paraît content que quand il peut attaquer, critiquer, etc. A tort ou à raison, il faut toujours qu'il cherche à renverser les théories admises, pour y substituer des théories souvent moins satisfaisantes, toujours au moins aussi vagues et dénuées de preuves. Il s'élève contre l'explication donnée par des médecins de la présence de l'odeur de l'éther dans l'air expiré par un malade, après qu'il aurait pris un lavement, dans lequel seraient entrées quelques gouttes d'éther. (1) Ce serait, dit-il, une grave erreur de croire que dans ce cas les particules odorantes montent de proche en proche, depuis le rectum jusqu'à la bouche. Il remplace cette théorie par la suivante : « Comme phénomènes physiques, vous avez » une imbibition à la surface muqueuse du rectum, » et une exhibition à travers les vaisseaux capillaires » du poumon. (2) Du reste, ses théories se bornent à bien peu de chose si nous voulons en voir les résultats, puisqu'il ne cherche seulement pas à

---

(1) Magendie. P. 88 v. 1er. — (2) P. 89 v. 1er.

expliquer les effets physiologiques. Si, comme il l'enseigne implicitement, il n'y avait pas d'autres lois que les lois générales, d'où vient que, les connaissant si bien, il serait réduit à tout instant, non seulement à confesser qu'il ne saurait expliquer les effets physiologiques, mais qu'il n'en a pas même la prétention.

Au surplus, ces phénomènes d'exhalation, de quelque manière qu'ils se produisent, sont fort inconstans de leur nature, ce qui ne saurait avoir lieu s'ils étaient le simple résultat des lois physiques. En effet toutes les substances dites diffusibles sont loin de l'être au même degré pour chaque individu, car souvent ces phénomènes se manifestent à des degrés bien différens chez la même personne, à diverses époques de la vie. Celui-ci aura pris une certaine quantité d'éther, de camphre, de musc ou autre substance, et pourtant nul ne saurait percevoir dans l'air par lui expiré, l'odeur de ces médicamens, tandis que celui-là qui n'en aura pris qu'une égale quantité, quelquefois même une dose moindre, en conservera long-temps l'odeur la répandant partout où il se rend.

De plus, ne sait-on pas que plusieurs phénomènes de cette nature, se développant sur le cadavre, ne se rencontrent point sur le vivant? Par exemple, notre vie durant, ordinairement les personnes qui nous entourent ne perçoivent pas plus que nous, l'odeur infecte des matières contenues dans le gros intestin, tandis qu'aussitôt après la mort, il n'est pas rare de voir l'infection due à la présence de ces matières, se répandre et s'exhaler dans tout un appartement.

Un état pathologique peut développer cette faculté, et il en résulte que constamment le résidu du bol alimentaire exhale une odeur infecte, susceptible, dans ce cas, de se répandre au dehors. C'est si vrai, que M. Lordat me communiqua avoir trouvé, dans les papiers de Barthez, un mémoire à consulter pour un cas pareil : un homme atteint de cette infirmité écrivit à cet illustre praticien pour lui demander quelque moyen, sinon de guérison, au moins pour remédier aux inconvéniens insupportables de sa position. Ce célèbre professeur dut, à ce sujet, rédiger une consultation en réponse au mémoire qui se trouve actuellement entre les mains de M. Lordat.

Nous avons été, nous-même, témoin, pendant la rédaction de notre travail, d'un fait de ce genre observé dans l'hôpital de la maison centrale de détention de cette ville. M. Lordat, en étant le médecin en chef, a bien voulu nous permettre de l'accompagner régulièrement à sa visite et nous avons pu constater chez une femme le fait suivant : atteinte du typhus elle est entrée à l'hôpital le 25 novembre dernier; dès le surlendemain de son entrée, il s'exhalait de tout son corps une odeur infecte qui nous mit dans le cas d'élever, à plusieurs reprises, des doutes sur l'état de propreté dans lequel les gardes-malades la laissaient. Nous remarquâmes en même-temps que les selles étaient très-rares, les matières moulées. Or, le 9 décembre, en faisant sa visite, M. Lordat fut surpris fort agréablement de ne plus se trouver exposé à une aussi fâcheuse incommodité. Il chercha à en découvrir la cause, et nous apprîmes des infirmières que cette femme avait eu dans la nuit et la matinée plusieurs selles liquides d'une odeur insupportable, et que, depuis lors, on avait cru s'apercevoir que son abord n'était plus aussi préjudiciable au sens de l'olfaction. Pendant deux jours, les selles s'étant maintenues, cette exhalation fétide ne se reproduisit pas. N'ayant été à la selle de toute la journée du 11, l'odeur exhalée était, dès le 12 au matin, de nature fécale. Enfin dans la nuit du 13 au 14 d'abondantes excrétions alvines firent disparaître ce phénomène qui, à ce jour 17, n'a pas reparu.

En présence de tels faits, osera-t-on encore soutenir que l'exhalation est un phénomène, purement physique, se développant pendant la vie absolument comme après la mort?

CHAPITRE IV.

CHALEUR ANIMALE.

> ..... Ne pouvant être assimilée à aucune action
> physique ou chimique, elle (la chaleur) doit être dite
> *organique et vitale.*
>
> (ADELON, *Physiologie de l'homme*, t. 3 p. 510).

« Le corps de l'homme possède les propriétés
» générales des corps; qu'il soit doué ou privé de sa
» vie, n'est-il pas soumis comme eux aux lois de
» la pesanteur, à l'influence de la chaleur, de la
» lumière, de l'humidité? (1) » Comment se fait-il
donc alors, que la chaleur d'un corps vivant diffère dans des circonstances absolument identiques et
chez le même individu; qu'elle ne soit pas la même
chez tous les hommes habitant une même localité,
soumis à la même température; qu'elle se maintienne
à peu près égale chez le vivant, malgré les vicis-
situdes thermométriques et barométriques; enfin,
d'où vient cette différence entre la chaleur du cadavre et celle de l'individu vivant, états tels qu'ils
ne sauraient être comparés?

Pour ce qui est de cette dernière question, M. Magendie y répond par avance; il ne s'agit donc que d'apprécier la valeur de sa réponse. Il nous explique la forma-

---

(1) Magendie. P. 7 v. 1.

tion et le développement de la chaleur chez les êtres
vivans par l'oxigénation du sang pendant l'acte respiratoire. (1) Il est malheureux seulement que les
physiciens les plus distingués, qui ont bien voulu
s'occuper un peu de physiologie et ne pas raisonner
sur cette science sans la connaître, ne soient pas
de cet avis. Permettez qu'à ce sujet je vous raconte
une anecdote trouvant ici sa place : elle me fut narrée
par M. Lordat lui-même qui l'a, du reste, maintes
fois rapportée dans ses leçons orales.

En 1814, libre communication ayant été rendue au
monde par la rentrée des Bourbons, le célèbre
Davy se rendit à Montpellier où il fut accueilli
par le savant botaniste, alors professeur dans cette
faculté. M. de Candolle, qui ne partageait pourtant
pas les idées vitalistes, écrivit un jour au professeur
Lordat, son collègue, pour l'engager à venir dîner
chez lui, le prévenant qu'il s'y trouverait avec Davy.
Il vous étonnera beaucoup, lui marquait-il dans sa
lettre, car il partage absolument les idées physiologiques que vous enseignez.

M. Lordat se garda bien de manquer à cette invita-
tion. Après quelques instans de conversation, jaloux
de mettre à profit toutes les occasions de s'instruire,
il demanda à l'illustre chimiste ce qu'il pensait du
développement de la chaleur dans les corps vivans,
et quelle était, selon lui, la cause physique de ce
phénomène. Celui-ci lui répondit : « Pendant quel-
» que temps j'ai cru, moi aussi, que ce phénomène

---

(1) Magendie. P. 196 v. 3.

» provenait de l'oxigénation du sang ; mais enfin,
» j'ai voulu chercher à m'en rendre compte ; et
» après avoir consacré trois années entières à m'oc-
» cuper exclusivement de physiologie, je suis arrivé
» à reconnaître que c'était une pure et gratuite
» hypothèse dont il était impossible de fournir la
» moindre preuve. »

Si, par malheur pour la science, notre interlocu-
teur est mort, MM. de Candolle et Lordat peuvent
au moins attester la vérité de ce récit.

Le même fait m'avait déjà été communiqué. M. le
docteur C. Anglada, dont le nom rappelle un homme
qui n'a pas moins rendu service à la science comme
auteur que comme professeur, eut la complaisance
de me rapporter le fait suivant : son père ayant eu
maintes fois l'occasion de voir Davy pendant son
séjour à Montpellier, fut d'autant plus curieux de
connaître la manière dont ce savant envisageait la
question de la production de la chaleur animale, qu'il
avait, lui-même, fait de consciencieuses recherches sur
cet objet. La réponse du chimiste Anglais fut celle-ci :
« J'ai consacré deux années entières à la solution de
» ce problème et je ne suis arrivé qu'à me convaincre
» que non seulement il ne dépendait pas de lois phy-
» siques ou chimiques, mais même qu'il était
» fait pour démontrer l'intervention active de la
» vitalité. »

On a en effet reconnu qu'il se pourrait bien que
l'hématose, loin de développer de la chaleur, détermi-
nât la production du froid ; et l'on s'étayait pour

émettre cette opinion de la capacité calorifique de
l'acide carbonique exhalé dans l'acte de l'expiration.
A l'appui de cette manière de voir nous rappellerons
la raillerie avec laquelle Barthez répondait quand
on venait lui dire que le développement de la chaleur animale était dû à l'oxigénation du sang par
l'acte respiratoire : il se mettait (nous dit le professeur Lordat), à chanter une chanson italienne
de Pétrarque, dans laquelle cet auteur, parlant d'un
chien qui cherchait de la fraîcheur, lui fait faire,
pour lui en procurer, des aspirations profondes et
fréquentes au point de le représenter haletant dans
la position d'un cheval harassé par la rapidité de sa
course.

D'ailleurs, comment concilier l'explication chimique de M. Magendie avec le résultat de certaines
expériences, telles que l'observation de Brodie qui
a entretenu artificiellement la respiration, chez un
animal récemment tué, sans pouvoir lui conserver
sa température? (1) Cette expérience déconcerterait
un peu celles de M. Magendie. Mais nous sommes
loin de croire qu'on puisse juger par des épreuves
de ce genre les phénomènes développés naturellement
dans l'organisme. Nous sommes tout-à-fait de l'opinion de Morgan, à qui cette observation paraît peu
naturelle, parce qu'il n'est pas très rationnel de comparer ainsi un mouvement forcé avec l'action propre

---

(1) Cité par Th. Morgan, essai philos. sur les phénomènes de la vie. Journal complém. du dict. des sciences
médicales, p. 64 t. 5.   6

de l'organe ; aussi, donnerons nous comme beaucoup plus concluant le fait suivant, extrait de la nosologie méthodique de Sauvages. Il nous rapporte l'observation d'un homme qui avait été pendu et qu'il parvint à rappeler à la vie à l'aide de trois saignées qu'on lui fit dans l'espace de deux heures. Il sentait une *chaleur* et une soif dévorante : il but plusieurs verres d'eau froide, et quoique le temps ne fût pas *chaud*, on était obligé de lui donner continuellement de l'air, pour qu'il pût respirer. (1) Ne sait-on pas que, dans les cas de mort par asphyxie, la chaleur animale se maintient le plus long-temps?

Au surplus, puisque M. Magendie attribue à l'oxigénation du sang, le développement de la chaleur dans les corps vivans, (2) comment expliquer le froid des cholériques à l'état bleu. Chez eux la respiration n'était pas suspendue, et pourtant « il fallait que la » chaleur qu'on voulait procurer au cholérique lui vînt » du dehors, car il semblait que chez lui la source » en était tarie. (3) » Il y a donc une autre cause indépendante de l'oxigénation du sang et douée cependant de la faculté de développer et d'entretenir la chaleur chez les êtres vivans ; or, cette cause ne saurait résider que dans le dynamisme vital ; c'est dire assez que si elle est connue de l'auteur, il se garde bien d'en faire mention et de porter l'attention de ses auditeurs à son appréciation.

(1) Article, *asphyxie*, p. 390 t. 5.
(2) Magendie. P. 196 v. 3. — (3) P. 218 v. 3.

CHAPITRE V.

ÉLASTICITÉ.

> On a disputé depuis Moscow jusqu'à Raguse sur
> l'insensibilité des tendons et du périoste. Tous en
> appelaient à l'expérience ; enfin, l'on a conclu que
> les tendons étaient sensibles parce que de Haller
> était luthérien. Tous avoient fait des expériences.
> (ZIMMERMANN , *Traité de l'expérience*, t. 1 p. 202).

« Les propriétés physiques des artères sont ana-
» logues à celles d'un tuyau en caoutchouc, du moins
» quant aux conditions d'élasticité. (1) »

M. Magendie excuse le génie de Bichat d'avoir pu
se laisser égarer, attendu que cet auteur fut privé
des connaissances qui sont maintenant du domaine
de la science, et il cherche à démontrer que ce jeune
savant a eu grand tort d'admettre une contractilité et
une extensibilité de tissu, ces prétendues propriétés
spéciales n'étant autre chose que l'élasticité. (2) Une
preuve cependant qu'il existe une différence : c'est
que dans les corps inertes, par l'effet de l'élasticité,
l'objet détendu reprend subitement, dès que la tension
cesse, les dimensions qu'il doit conserver : or, dans
les corps vivans, dans les cas de distension d'une

---

(1) Magendie. P. 277 **v. 1.** — (2) P. 167 v. 1.

partie par des gaz, on observe ordinairement une rétraction subite des parois de la cavité qui les renfermait dans les cas où ils y ont fait un court séjour. Dans les cas contraires, lorsque leur séjour s'est prolongé, les parois ne reprennent que lentement et progressivement leurs dimensions premières, ou du moins celle à laquelle ils doivent s'arrêter. De même, après la gestation à terme, l'utérus et par suite l'abdomen ne reviennent que graduellement, et après un assez long espace de temps, au volume que normalement ils doivent conserver.

L'auteur attribue à l'élasticité propre de chaque tissu le degré différent de rétraction, observé dans une amputation, entre la couche musculaire superficielle et la couche profonde, ainsi que la situation sur un plan inégal des nerfs, des artères, des tendons et des aponévroses, variétés qu'il fait dépendre de leur degré différent d'élasticité. (1) Si nous avions affaire à un simple phénomène d'élasticité, une rétraction pareille devrait avoir lieu sur le cadavre et se manifester uniformément chez les divers individus. Or, je le demande, en est-il ainsi?

Cherchant à expliquer l'oblitération des artères à la suite d'une ligature, M. Magendie considère ce fait comme un résultat de la seule élasticité. Aussi dit-il : « Je m'explique mieux,.... le mécanisme de ce » phénomène par l'élasticité que par l'intervention » d'une contraction vitale. » Interprétation qu'il traite

---

(1) Magendie. P. 179 v. 1.

de subtile ou erronée ; car, en suspendant la circulation « les aréoles du tissu artériel n'étant plus
» abreuvées par le liquide accoutumé, les parois du
» vaisseau se raccourcissent par une sorte de des-
» sèchement, et sa cavité finit par s'effacer. (1) »
Pour que son explication fût au moins vraisemblable, il faudrait que les artères s'oblitérassent sur
le cadavre. De plus, ce phénomène étant purement
physique, il faudrait (conformément à la citation que
nous lui avons empruntée au début de ce chapitre)
qu'il eût lieu également sur les tubes en caoutchouc.
Il faudrait encore que les parois d'un conduit en gomme élastique se rétractassent et s'accolassent lorsque
après y avoir fait passer pendant un temps varié
un courant de liquide quelconque, on viendrait à le
suspendre ou à cesser tout-à-fait son emploi. Voilà
pourtant, si l'on veut être logique, ce qui, d'après
lui, devrait avoir lieu.

Je m'aperçois que ce serait perdre son temps et
sa peine que de s'épuiser à combattre par des argumens ces théories hypothétiques. Il serait pas trop
difficile d'arriver à le réfuter aussi bien qu'il s'est
chargé de le faire lui-même. En tous points M. Magendie a pris la peine de nous montrer le vide de
ses pompeuses phrases. Nous allons donc opposer à
ses prétentions quelques citations empruntées à ses
leçons sur ce sujet.

Dans le premier paragraphe de son premier

---

(1) Magendie. P. 177 v. 1.

volume nous lisons : « Quels rapports en effet aurions-
» nous pu établir entre la contractilité de la fibre
» vivante, et la simple élasticité des corps inor-
» ganiques ? Il n'y a aucune analogie entre ces
» propriétés. » « Si la glotte du cadavre diffère de
« celle de l'homme vivant pour la faculté de former
» des sons, c'est qu'elle est moins élastique. (1) »
Admettons son explication : il n'en existe pas moins
une différence entre l'élasticité du cadavre et celle
de l'individu vivant , et la puissance de la vitalité
va donc jusqu'à modifier, dans leurs applications, les
lois de la physique.

Pourquoi encore faire dépendre de la seule élasticité toute contraction, et chercher à l'expliquer
par sa seule action , quand ensuite il faut venir nous
dire en parlant de l'oreillette : « La propriété dont
» jouissent ses parois de se resserrer est un phénomène
« vital. (2) » Poursuivons. Dans un passage où il
cherche à rattacher le cours continu-saccadé du sang
dans les artères à l'élasticité de leur parois, nous trouvons le membre de phrase suivant : « Sans cesse.....
» ces vaisseaux tendent à revenir sur eux-mêmes
» sans néanmoins que leur diamètre puisse se ré-
» trécir au-delà de certaines limites. (3) » « Pour-
» quoi, quand une artère est coupée en travers,
» ses parois ne viennent-elles pas s'appliquer con-
» tre elles-mêmes, et s'opposer par là à l'issue du

---

(1) Mag. P. 180 v. 1. — (2) P. 105 v. 2. — (3) P. 184 v. 1

» sang? Parce que leur élasticité ne permet point
» que leur calibre s'efface. (1) »

Ces deux dernières citations impliquent, si je ne
me trompe, une contradiction manifeste entre elles
et celle que nous avons empruntée à la page 177.
Car enfin, bien que dans le premier cas il appuie
l'élasticité du défaut de circulation, il n'en est pas
moins vrai que, dans l'un et l'autre, il n'est question que d'un phénomène d'élasticité; or l'élasticité
ne saurait, humide ou sèche, avoir des lois ou plutôt des caprices aussi disparates.

Mais voici qui est bien plus fort : M. Magendie
n'a pu se lasser de disserter pour nous prouver
l'analogie, voisine presque de l'identité, qu'il y a
entre une artère et un tube de caoutchouc, et voici
qu'il nous déclare : « Une artère n'est pas un tube
» en caoutchouc; elle vit, elle est le siége, comme
« tout tissu vivant, d'un certain ordre de phénomè-
» nes qui ne sont pas du ressort de la physique (2). »
A quoi se réduisent donc toutes ses propositions,
et que lui sert de discourir aussi péniblement pour
renverser lui-même son échafaudage? Si réellement
il n'a eu d'autre but que celui dont il parle à
cette page, ce n'était pas la peine de se donner
tant de mal et de crier si haut la toute puissance des
lois physiques, pour la compréhension et l'explication des phénomènes de la vie. Ce qu'il nous dit
rentre, dès-lors, dans ce qu'on nous a dit depuis
long-temps et ce qu'Hippocrate lui-même savait.

---

(1) Magendie. P. 197 v. 1 — (2) P. 65 v. 2.

Dans chaque volume l'auteur nous fournit, sans s'en apercevoir, les moyens de le réfuter. Nous lisons : Dans une opération « les bouts d'une ar- » tère divisée en travers se raccourcissent, laissant » entre eux un large intervalle, *quelquefois* même » ils se perdent dans les chairs au point qu'on ne » peut plus les retrouver. (1) » Ne voyez-vous pas que si c'était un phénomène physique d'élasticité, dans les mêmes conditions, les résultats n'offriraient pas ces différences ?

Avec de telles contradictions, avec des aveux pa- reils à ceux que nous avons mentionnés et citerons encore, il devient impossible de le combattre. La meilleure réfutation consiste toute à savoir bien disposer ses rapprochemens. Ici il nous dit : « Si » nous pouvions reproduire artificiellement des tuyaux » jouissant des mêmes propriétés que les artères, » ayant des parois poreuses, tapissées intérieure- » ment par une membrane lisse, onctueuse, par- » faitement en harmonie avec le sang, c'est alors » seulement que nous serions en droit de tirer quel- » ques conséquences analogues. Mais il n'y a aucun » rapprochement à établir entre des tubes vascu- » laires, et des tubes en métal, en verre et en » caoutchouc. (2) » Comprenne ensuite qui pourra des exclamations telles que la suivante : « Faut-il » donc admettre ici une opposition des lois physi- » ques aux lois vitales ? Faut-il donc réhabiliter

---

(1) Magendie. P. 46. v. 3. — (2) P. 141 v. 3.

» de vieilles idées dont le principal mérite était » leur *absurdité*? (1) » Je serais vraiment curieux de savoir à quel côté un juge impartial appliquerait son épithète favorite..... *absurdité*!.....

Afin de fournir au lecteur quelque moyen de porter son jugement avec plus de certitude, nous allons lui soumettre quelques réflexions qui auront le double avantage de ne pas lui permettre le doute et de compléter certains passages de notre critique.

Nous nous sommes en effet aperçu que trop pénétré, par la lecture complète de l'ouvrage de M. Magendie, de la valeur de ses expressions, nous avons, par fois, eu le tort de supposer la même conviction chez nos lecteurs : par suite, nous avons négligé de démontrer suffisamment l'à propos de notre critique. Entre autres passages, où ce défaut est facile à signaler, nous avons surtout remarqué le paragraphe de la page 22; aussi sommes-nous charmé de trouver l'occasion de suppléer, avec avantage, à cette imperfection.

« Livrez-vous, au contraire, aux études expéri- » mentales ; voyez et touchez par vous-mêmes, » *n'admettez rien sur parole*, pas même sur la *vôtre* » ni sur la *mienne*. (2) »

« Pour moi, que *la preuve matérielle peut seule* » *convaincre* de la réalité d'un fait, je etc. (3) »

Comment croire à la sincérité de pareilles assertions ! Quel peut être le but de tels préceptes ? En

---

(1) Mag. P. 141 v. 3. — (2) P. 4 v. 4. — (3) P. 379 v. 4.

admettant des idées aussi étranges, que deviennent entre autres la tradition, l'histoire, les mathémati-- ques et la géographie elle-même. S'il était possible à M. Magendie lui-même de se laisser aller, un seul instant, à ajouter foi à ses paroles, pourrait-il exercer la médecine? Lui serait-il permis de vivre au milieu d'une société, dès-lors souillée journellement de meurtres et de crimes juridiques? Ne voit-il pas qu'il abolit ainsi jusqu'aux tribunaux! Quel est le juge dont la conscience n'aurait à lui reprocher tous ses actes, si la preuve matérielle pouvait seule convaincre?

Au surplus, avec un tel système, que sert à M. Magendie de publier le résultat de ses expériences? Il nous paraît même vraisemblable que, dans ce cas seulement, la plupart des médecins et des hommes prudens auraient quelques raisons de faire chœur avec lui pour répéter :

« *N'admettez rien sur parole, pas même..... sur la*
» *mienne.* »

CHAPITRE VI.

ARTICLE I.

DE LA CIRCULATION,

> « La vitalité, dans le système circulatoire comme
> dans l'ensemble des systèmes qui constituent l'écono-
> mie animale, réclame une part dans la manière dont
> chaque organe fonctionne. Toute impression morale,
> toute sensation un peu vive retentit sur le cœur dont
> elle change et le rhythme et l'énergie des contrac-
> tions. »
>
> (MAGENDIE, *Phénomènes physiques de la vie*,
> tom. 3 pag. 159.)

« Si le temps me permettait de faire cet examen,
» vous acquerriez bientôt la conviction que les lois
» physiques n'ont rien perdu de leur empire pour
» s'exercer dans les corps organisés : les obser-
» vateurs seuls ont manqué pour les suivre dans ce
» monde vivant, ce microcosme des anciens. Cha-
» que fonction, chaque organe nous en fournirait
» facilement la preuve ; et ne se montre-t-elle pas
« d'elle-même dans les sens, les mouvements, la voix,
» *la circulation du sang*, etc. ? (1) »
  « Bichat, pour prouver l'impuissance de la phy-

---

(1) Magendie. P. 310 v. 1er.

» sique dans l'étude des fonctions organiques citait un
» phénomène vital ; nous, pour prouver la proposi-
» tion inverse , nous citons un phénomène physique,
» nous citons la circulation du sang. (1) »

« Quant à l'action des capillaires, le resserrement
» actif de leurs parois, ce sont de ces rêveries aux-
» quelles il ne faut attacher aucune valeur sous peine
» de nous ramener à l'âge d'or des propriétés
» vitales. (2) »

Nous allons chercher à prouver la futilité de pareilles assertions ; après quoi nous verrons si l'auteur
lui-même ne les a pas réduites, à diverses reprises,
à leur juste valeur.

« Peut-on après la mort reproduire artificiellement
» le grand acte de la circulation? (3) » Toute la
question est là et nous ne voyons pas, si l'on n'arrive à
ce résultat, quels peuvent être la portée, le but et l'utilité de ces déclarations. Or, en dépit de ses restrictions,
il n'est seulement pas possible, pour M. Magendie, de
nous laisser dans le doute ; et sa réponse est « Non. »
Bien plus, on voit qu'alors, si on veut faire cette tentative, il y a imbibition des parois des artères, extravasation, obstruction qui, outre qu'elles ne nous
donnent qu'une grossière représentation de ce qui
s'effectue pendant la vie, concourent à nous prouver,
ainsi que nous croyons l'avoir déjà démontré, qu'il
n'y a pas, comme il le prétend, passivité dans les
phénomènes de l'absorption. Pendant la vie, en effet,

---

(1) Mag. P. 352 v. 2. — (2) P. 266 v. 2. — (3) P. 91 v. 2.

ces inconvéniens ne se manifestent pas, du moins dans l'état normal ; or, anatomiquement parlant, les instrumens sont restés les mêmes.

En dépit de la plaisante âcreté de ses railleries, au sujet de l'action propre des capillaires dans la circulation, nous pensons qu'il serait superflu d'entrer, pour la démontrer, dans de minutieux détails consignés dans tous les traités élémentaires de physiologie. « Les expériences de Haller et de Spallanzani, qui » ont vu le sang changer son cours, se détourner » des vaisseaux où il allait entrer pour se rendre » vers ceux d'une partie qu'on avait irritée , sont » assez connues. (1) » Nous n'invoquerons à l'appui de notre opinion, soutenue du dire de tous les physiologistes, d'autres témoignages que ceux d'une expérience journalière.

Que se passe-t-il, par exemple, lors de l'application d'un cataplasme synapisé ? Qu'arrive-t-il à une surface de notre corps sur laquelle on aurait passé des orties ? Que survient-il après la piqûre d'une puce ? Qu'est-ce qui détermine l'action d'un bain de pieds avec des cendres, du sel, etc. ?

Ceci nous ramène à l'importante question de la révulsion et de la dérivation. Vous vous souvenez que, chose beaucoup plus commode, M. Magendie en a nié les effets ; et pourtant nous vous avons montré qu'il était encore trop médecin pour ne pas vous les

---

(1) Dumas , principes de physiologie, p. 532 v. 2. de la 2me édition.

rappeler au lit du malade. Car, au fait, si leurs effets
étaient nuls, si le système capillaire n'était doué de
la faculté de pouvoir modifier le cours du sang, la
médecine, à notre avis, se réduirait à bien peu de
chose; si même elle ne se trouvait complétement
annihilée. Quels sont, en effet, nos moyens de combattre un grand nombre de maladies? Que nous ont
appris tous ces infatigables et consciencieux praticiens
qui ont reconnu que le rôle du médecin était surtout de surveiller et de diriger la nature, de prévenir
des congestions fâcheuses? L'expérience clinique doit-
elle tomber devant l'expérience canine? Ne sait-on
pas que, par un bain de pieds synapisé, nous soula-
geons, pour l'ordinaire, les plus violens maux de tête?
Ne prévenons-nous pas, ne dissipons-nous pas souvent
des congestions sanguines du poumon, ou de tout
autre organe, par l'application de topiques irritans à
la surface extérieure des parties? Dans une ophthal-
mie, n'obtenons-nous pas, dans bien des cas, les
résultats les plus avantageux par des applications de
sangsues, de vésicatoires, de sétons? Est-il indifférent,
alors qu'on a recours aux émissions sanguines, de
les pratiquer dans tel ou tel endroit? Consultez tous
les ouvrages de médecine pratique, interrogez tous
ceux qui ont vu des malades et surtout des maladies,
leur réponse ne sera point douteuse. A quoi tien-
nent les effets de toutes ces médications? A la révulsion,
ou à la dérivation qu'elles déterminent. Et les applications de cautères, de moxas, n'est-ce pas presque

toujours pour arriver à ce résultat que nous y recourons?

Dans plusieurs de ces circonstances au moyen de quelles parties, par quels organes ou instrumens s'opèrent ces dérivations, ces révulsions? N'est-ce pas par l'action propre du système capillaire? Nous répondra-t-on toujours par des quolibets et l'ironie quand il s'agira de leur action? Permis à M. Magendie de se courroucer contre Bichat de ce qu'il a été dans de pareilles idées. (1) A notre avis « mieux » vaudrait avouer franchement son *ignorance* que de » la déguiser en termes aussi peu scientifiques, (2) » surtout quand on n'arrive par là qu'à des contra- dictions incessantes. Ne dit-il pas « Affirmer qu'il ne » se passe rien de vital dans les capillaires, ce serait » substituer une exagération à l'exagération que l'on » reproche aux autres? (3) » Souvenez-vous que l'au- teur a dit en parlant de la circulation : « Nous aurons » à étudier la force motrice, l'agent vital, dont le » mécanisme restera pour nous un mystère... (4) » Après de telles déclarations, peut-on encore soutenir que la circulation est un phénomème physique? Ne comprendra-t-on pas que, sur le cadavre, cette puis- sance nous manque? Nous n'avons plus que faire des instrumens puisque la puissance qui les mettait en jeu n'est pas à notre disposition.

Au surplus cette dernière citation nous inspire la

---

(1) Mag. P. 117 v. 2. — (2) P. 135 v. 2. — (3) P. 356 v. 2. — (4) P. 57 v. 2.

remarque suivante. Dans toutes ses recherches et ses
expériences, M. Magendie ne songe jamais à envisager
les phénomènes sous le rapport vital ; ou du moins
il pense toujours pouvoir différer cette partie de leur
étude aussi essentielle qu'indispensable. Cette manière de procéder soulève en nous quelque doute :
peut-on espérer de donner une explication exacte et
rigoureuse de la circulation, considérée chez l'individu vivant, alors qu'on se contente de l'envisager
sous le rapport physique ? La sphygmique peut-elle ,
par exemple, fournir seule la théorie de cette fonction
en laissant de côté la cause agissante pour ne faire
attention qu'à ce phénomène physique ?

Jusqu'à présent, quand M. Magendie a dû mentionner les phénomènes vitaux il n'en a été le plus souvent question que d'une manière dérisoire ; or, voici
déjà quatre cours entiers publiés, et le prochain
promet d'être de la même espèce. Et puis, quand
le temps en sera venu , lui sera-t-il possible de
réparer le mal qu'il aura fait, en ne présentant
qu'une des faces isolées de la science anthropologi-
que ; et surtout en voulant qu'exposée ainsi, elle soit
considérée comme complète ? Admettons qu'un jour
vienne où il ait la sincère volonté d'enseigner l'autre
partie, et qu'il la mette à exécution, pense-t-on qu'il
conservera toujours les mêmes auditeurs ? Le contraire est plus que probable.

Ce n'est pas la peine de discourir et de faire des
expériences pour dire ici : « Je vous signale la fibrine
» comme donnant au sang la merveilleuse propriété

» de parcourir les capillaires les plus fins. (1) » Là,
« au lieu d'augmenter la fluidité du sang rendez-le
» plus visqueux, ... les petits vaisseaux se bouchent
» et la mort arrive. » (2) Dans un passage « Pour
» être apte à circuler, le sang doit réunir tous les
» caractères physiques et chimiques qui le consti-
» tuent normalement... Par le seul fait de cette pré-
» dominance de l'élément aqueux le sang cesse de
» pouvoir servir à la circulation. (3) » Dans un
autre « Nous savons que toutes les fois que ce liquide
» (le sang) ne coule plus dans des canaux d'un poli
» parfait, il se prend en petites masses qui, d'abord
» isolées, s'agglutinent, se disposent par couches, et
» bientôt ne constituent plus qu'un seul caillot. (4) »

En effet, 1° M. Magendie n'a pu dans ses expériences rétablir par des injections de fibrine, la circulation
chez des animaux défibrinés. 2° Par ses expériences
il a pu constater maintes fois, qu'il n'y avait pas
mort subite, bien mieux qu'il pouvait y avoir guérison, alors que le sang était dans ces conditions
soit par suite d'une affection morbide venue naturellement, soit par suite d'un trouble déterminé expérimentalement. 3° Il a reconnu que dans les fièvres
typhoïdes, la peste, le choléra, la gangrène sénile, etc.,
le sang était dans ces conditions; or, la meilleure
preuve qu'il a dû continuer à circuler, c'est qu'on

---

(1) Magendie. P. 43 v. 4. — (2) P. 291 v. 3. — (3) P. 291
v. 5. (4) P. 404 v. 3.

7

constate un certain nombre de guérisons parmi les individus atteints de ces affections. 4°. Chez les vieillards dont les artères sont ossifiées, il me semble que la circulation continue à avoir lieu sans déterminer la formation de ces caillots ; car autrement pourraient-ils vivre ainsi longues années comme l'attestent souvent l'épaisseur et les progrès de cette ossification?

Du reste que prétendrait-on chercher et trouver? Quel pourrait être le but de ces expériences? Voudrait-on rendre au cadavre les propriétés dont jouit l'individu vivant? Souvenez-vous de ces paroles : « Nous » pouvons pervertir les propriétés physiques si étroi-» tement liées à l'intégrité de la circulation, nous » essaierions en vain d'en doter la matière morte : tou-» jours il lui manquera un mystérieux inconnu. (1) »

══➤✖≪══

ARTICLE II.

SYNCOPE.

La manie de vouloir limiter les phénomènes normaux ou pathologiques développés dans notre organisme, aux effets des lois physiques, conduit à des données thérapeutiques fort importantes à noter. Considérant la syncope comme le résultat mécanique des difficultés survenues du côté de la circulation du

----

(1) Magendie. P. 142 v. 3.

cerveau, le traitement à opposer à un tel accident consiste, d'après M. Magendie, à coucher le malade ; car alors, « le sang n'ayant plus à surmonter son » propre poids,... arrive au cerveau et lui restitue les » facultés dont son absence l'avait momentanément » dépouillé. (1) » Tous ces raisonnemens seraient peut-être bons si la syncope ne survenait que lorsqu'on est debout ou assis; malheureusement, dans plusieurs cas graves, par exemple lors du début des fièvres malignes, on la voit survenir sans aucune cause apparente. Le malade couché dans son lit laisse échapper ces mots : « je me meurs. » Au bout de quelques instans la syncope se dissipe sans qu'on ait modifié la position du malade. Souvent elle se reproduit et disparaît ainsi nombre de fois, sans qu'on puisse l'attribuer à des causes extérieures, se dissipant soit par les seuls effets de la nature, soit par le concours de divers moyens.

Dans d'autres cas le malade assis tombe en syncope. Supposons, et le cas n'est pas rare, qu'il soit seul : personne pour lui porter secours, par conséquent personne pour le coucher. Au moment de l'invasion il aura été retenu sur son siége par un point d'appui quelconque : tant que la syncope persiste, pas de changement de position. Pourtant au bout d'un laps de temps plus ou moins long, le malade recouvre ses sens et est tout surpris de se trouver à la même place, dans la même attitude.

_____

(1) Magendie. P. 247 v. 3.

D'autre fois le malade debout tombe, et la syncope ne se dissipe pas, bien que la tête du patient soit sur le même plan que le corps, par fois même pendante.

Nous dira-t-on encore que ce sont là des phénomènes physiques dont le résultat est tout mécanique? D'après les théories mentionnées, la mort devrait, dans la plupart des cas, survenir; or dans toute véritable syncope il ne saurait en être ainsi.

Que nous importent dès-lors suppositions et théories pour expliquer cet état? La nature a-t-elle besoin, en le faisant cesser, de recourir à quelqu'un de vos moyens (1), pour relever la force de contraction du cœur?

------

(1) Magendie. P. 122 v. 3.

CHAPITRE VII.

DE LA PRESSION INTÉRIEURE SUPPORTÉE PAR LES VAISSEAUX SANGUINS ET DE SON APPRÉCIATION AU MOYEN DE L'HÉMODYNAMOMÈTRE.

> Ils parleront d'hydraulique, et on leur dira : laissez-
> là vos vaisseaux morts et insensibles à l'aiguillon de
> la vie, méconnu par les physiciens et par les anato-
> mistes, non moins que par les chimistes ordinaires.
> (BORDEU, *OEuvres complètes*, p. 938).

« A quoi bon se fatiguer la mémoire de tous
» ces préceptes erronés, consignés dans tous les
» livres, sur le vaisseau qu'il convient de choisir
» dans telle ou telle maladie? Le seul fait d'égalité
» de pression simplifie singulièrement la ques-
» tion. (1) »

Nous voici encore une fois ramené à la dérivation et à la révulsion. Bien que déjà, à deux reprises,
nous ayons exposé notre manière de voir à ce sujet,
on ne sera pas étonné que nous y revenions encore
puisque les circonstances le veulent ainsi : cette
question, du reste, est d'une telle importance que
nous ne saurions en traiter trop longuement. En
effet nous osons dire que plus de la moitié de la

---

(1) Magendie. P. 43 v. 3.

médecine pratique repose sur ces idées. Il s'agit donc de voir, le plus succinctement possible, si toutes les connaissances cliniques, acquises jusqu'à ce jour, doivent être délaissées, comme provenant d'observations mal faites, ou si nous devons persister à reconnaître la réalité des effets dérivatifs et révulsifs. J'aime à croire que cette discussion ne tardera pas à nous mettre en droit de rétorquer à M. Magendie, au sujet de sa négation, la phrase suivante : « Pour » démontrer un fait, il ne suffit pas de l'exprimer » avec assurance, il faut encore l'appuyer sur des » observations exactes et rigoureuses. (1) »

Dans la plupart des maladies, qu'ont fait et que font journellement, au lit du malade, les praticiens les plus distingués? Tous sont généralement d'accord sur le but qu'on doit se proposer dans le traitement de la maladie; malheureusement ils diffèrent beaucoup dans l'emploi des moyens : mais enfin ils saisissent, en général, les mêmes indications à remplir. Par exemple, a-t-on affaire à une attaque de goutte, de rhumatisme fixée, soit primitivement, soit métastatiquement, sur quelque partie noble, un organe dont la régularité des fonctions intéresse à un haut degré l'existence? On cherchera à déplacer le siége de la maladie pour la porter ou la rappeler sur des parties moins essentielles au maintien de la vie. A cet effet on aura recours à une foule de moyens pour déterminer une révulsion avantageuse sur un point éloigné.

_____

(1) Magendie. P. 256 v. 1er.

Craint-on que le mouvement fluxionnaire soit trop prononcé pour qu'on puisse l'empêcher de se fixer? Au lieu de s'exposer à voir ses efforts rester infructueux en voulant déterminer une révulsion devenue impossible, on aura recours aux dérivatifs, afin de tendre à détourner la fluxion ou à amoindrir ses effets.

Dans quel but ordonne-t-on dans une pneumonie ou dans une pleurésie, des frictions sur la poitrine avec le tartre stibié? Dans quel but Reid a-t-il conseillé l'emploi de l'émétique, souvent répété, dans les maladies de poitrine? Pourquoi prescrit-t-on, dans des affections de l'estomac, des applications irritantes à l'épigastre? Quel est l'objet qu'on a en vue quand, dans une ophtalmie, on applique une mouche de Milan sur les tempes, quand, pour des palpitations de cœur, on a recours à l'usage d'un séton placé à la région précordiale? Dans tous ces cas, qu'attend-on de l'emploi de ces divers moyens?.... Une dérivation utile, avantageuse, que tous nos efforts concourent à obtenir.

Quand nous avons à lutter contre des maux de tête, pourquoi prescrivons-nous des bains de pieds synapisés? Quel est l'objet dans ce cas d'une saignée au pied? Pourquoi dans un grand nombre de maladies, telles que céphalalgie intense, maladie de poitrine, etc., etc., avons-nous recours aux purgatifs? Pourquoi applique-t-on, si souvent, et vésicatoires aux bras et aux jambes, et sétons à la nuque, dans des maladies des yeux, des hydropisies? Pour déterminer une heureuse révulsion.

Combien comptons-nous de spécifiques en présence

de l'innombrable quantité de maladies susceptibles
d'envahir l'individu vivant? A peine ose-t-on en
citer quelques-uns, et encore ne saurait-on compter
dans tous les cas, sur leur efficacité. Que pou-
vons-nous faire alors, le plus souvent, quand nous
sommes auprès du malade? Le soulager : et par
quels moyens, je vous le demande? Admettez pour
un instant que la révulsion et la dérivation soient
réellement une idée chimérique : que vous reste-t-il?
A quoi la médecine se trouverait-elle réduite?

Nous observerons, en terminant cette digression,
que le choix des dérivatifs ou des révulsifs n'est pas
plus une chose indifférente que l'espèce des uns ou des
autres qu'on pourrait choisir dans une maladie donnée.
On sait, par exemple, qu'alors qu'une application faite
à une certaine distance n'a eu aucun effet avantageux
pour le cours de la maladie à combattre, la même
application peut avoir les résultats les plus utiles
en la réitérant sur un point plus rapproché, et
vice versâ.

Je sais bien que dans certaines circonstances on doit
plutôt consulter, dans leurs applications, les sympa-
thies des organes que la proximité du lieu sur lequel
on opère : mais quand il est possible de combiner l'un
et l'autre; ou quand nous n'avons aucune relation
sympathique bien constatée entre une partie donnée
et celle qui est affectée; alors il ne saurait être indifférent d'opérer à telle ou telle distance. Nous pensons donc qu'on a eu tort de confondre les dérivatifs

et les révulsifs et de ne vouloir admettre aucune différence dans leur emploi.

Les uns et les autres sont de deux espèces. Ils
peuvent être internes ou externes. Dans les premiers
se trouve rangé l'emploi des purgatifs, des diuré-
tiques, etc., etc. etc.; dans les seconds la plupart
des applications externes. On peut considérer les
émissions sanguines comme formant une classe intermédiaire entre ces deux ordres.

A-t-on affaire à une maladie dont le caractère est
d'être aigüe, et établie depuis peu de temps? On se
contentera de l'usage des moyens les plus doux tels que,
intérieurement, l'émétique en lavage, les minoratifs,
les lavemens purgatifs; extérieurement les linimens
ou les pommades dans la composition desquels entre
l'ammoniaque, les cantharides; les cataplasmes, les
synapismes, les vésicatoires, etc, etc.

A-t-on à lutter contre une maladie chronique, an-
cienne? On devra alors s'adresser de préférence à
des moyens plus énergiques, tels que intérieurement
les drastiques, et extérieurement les cautères, les
moxas, les sétons, etc., etc.

Mais revenons à notre sujet d'où cette importante
digression nous aura beaucoup trop écarté, si elle
n'est suffisamment bien tracée pour être de quelqu'utilité. Au surplus nous aurions voulu l'étendre encore
si nous avions pensé pouvoir nous mettre à la hauteur
d'un sujet aussi important dans la pratique médicale.

Si la pression exercée par le sang à l'intérieur des

artères était la même dans toute l'étendue du système
artériel , comment se produiraient ces aberrations
du pouls dans lesquelles nous percevons à un bras
des pulsations d'une nature, tandis qu'une autre partie
du corps nous en présente dont le rythme est tout-
à-fait opposé. On trouve des exemples d'observations
de ce genre rapportées par Morgagni.

Voyez un peu combien les applications des lois
physiques à l'organisme sont fondées et raisonnables :
opérant sur des tubes en caoutchouc , M. Magendie
arrive, expérimentalement, à déclarer : « La pression
» intérieure est en raison directe du volume du li-
» quide. Il me semble tout naturel que les artères
» soient soumises aux mêmes lois physiques. (1) »
or , en répétant cette expérience sur l'animal vivant
il n'arrive qu'à un résultat contradictoire. (2)

De plus , examinons ce que devient la précision de
l'hémodynamomètre quand on en fait l'application
sur le vivant. Après nous avoir dit : « Bien entendu
» que ce ne seraient que des données approxima-
» tives très vagues auprès de la *précision mathématique*
» de l'instrument de M. Poiseuille , (3) » M. Magendie convient que cet instrument est bien loin de
la précision mathématique. En effet, nous lisons qu'il
a fallu une différence soutenue pour qu'il la rendît
sensible. (4) Si l'on veut juger de la justesse de ses
indications, qu'on prenne la peine de jeter les yeux

---

(1) Mag. P. 80 v. 3. — (2) P. 85 v. 3. — (3) P. 85 v. 3.
— (4) P. 88 v. 3.

sur les chiffres ou résultats qu'il fournit, pages 84,
85 et 86. Croyez-en ce qu'en dit M. Magendie, sans
en avoir vraisemblablement compris toute la portée :
« N'y avait-il pas là quelque autre cause dont l'ac-
» tion échappait à nos explications ? (1) »

Rappelez-vous la manière dont il juge lui-même
l'exactitude avec laquelle l'hémodynamomètre lui a
fourni les indications de ce qui s'est passé dans son
expérience rapportée page 86. « D'abord la colonne
» du mercure s'est maintenue à peu près à son ni-
» veau normal : ce n'est que vers la fin de l'expé-
» rience, alors que le système vasculaire était pour
» ainsi dire vide de sang, qu'elle a notablement baissé.
(2) » Puis cherchant à expliquer ce phénomène il
est amené malgré lui à une interprétation essentiellement vitaliste. « Doit-on attribuer cet abaissement
» à la diminution du volume de liquide ou bien à
» l'épuisement de l'animal dont une hémorrhagie
» aussi abondante avait épuisé les forces ? Peut-
» être ces deux causes y ont-elles concouru. Je suis
» cependant porté à attribuer à la seconde la plus
» large part. »

Après cela comment voudriez-vous qu'on prît au
sérieux son courroux de ce que de pareilles connaissances ne sont pas prisées et exigées pour le Doc-
torat (3), et les éloges qu'il accorde à l'instrument de
M. Poiseuille? (4)

_____

(1) Mag. P. 88 v. 3. — (2) P. 99 v. 3. — (3) P. 99 v. 3. —
(4) P. 111 v. 3.

CHAPITRE VIII.

DE L'ACTION DES AGENS THÉRAPEUTIQUES.

Les remèdes ont une action différente, administrés
par la bouche ou appliqués extérieurement.
(P. FRANCK, *Médec, prat.*, t. 2 p. 447.)

AVANT d'entrer dans quelques considérations sur
ce sujet nous commencerons par une assez longue
citation et prierons nos lecteurs de vouloir bien se
rappeler la phrase qu'à la page 20 nous avons ex-
traite de l'œuvre de M. Magendie. Nous observerons
encore que la même manière de voir exprimée à la
page 188 vol. 2 est reproduite page 369 vol. 3.

« Vous vous rappelez les faits fort remarquables
» que nous avons observés dans la séance précédente,
» à savoir qu'une substance innocente quand elle
» est ingérée dans l'estomac, peut devenir nuisible
» et même causer la mort en peu d'instants, si on
» l'injecte dans les veines. Ce problème vital nous
» a vivement préoccupé, et pour arriver à le ré-
» soudre nous avons fait plusieurs nouvelles expé-
» riences. Je vais vous en dire quelques mots : une
» petite quantité de vin de Bordeaux injectée dans
» les veines d'un animal a donné presqu'instanta-
» nément la mort : une demi-bouteille de ce même

» vin ingérée dans l'estomac d'un autre animal, n'a
» déterminé d'autre accident qu'une ivresse complète.
» C'est ce fait qu'il faut tâcher d'expliquer ; il a
» des conséquences immenses en thérapeutique, et
» sous ce rapport il mérite toute notre attention.
» Nous croyons avoir dit juste, sauf toutefois la
» preuve contraire, en attribuant le moindre effet
» des substances soumises à l'action de l'estomac,
» à la lenteur de l'absorption. D'autres essais parais-
» sent encore confirmer cette hypothèse. Nous avons
» injecté une petite dose de crème de tartre soluble
» dans le sytème vasculaire d'un animal ; il a suc-
» combé peu de temps après. D'un autre côté nous
» avons fait prendre à un chien jusqu'à deux onces
» de la même substance, et il n'en a été nullement
» incommodé. Vous vous rendez facilement compte
» de la différence qui existe entre ces deux expé-
» riences. Dans l'une vous ne trouvez pas comme
» dans l'autre une action brusque et instantanée sur
» la masse du sang...... (1) »

« Nous pouvons sans danger faire boire aux
» malades des quantités bien plus considérables de
» cette solution alkaline (sous carbonate de soude !) La
» différence d'action du médicament dépend de la
» manière de l'administrer. Introduit dans l'estomac,
» il y séjourne, *est dénaturé par l'acte de la digestion*
» et *peut impunément être absorbé* : au contraire, quand
» on l'injecte dans les veines, il agit chimiquement

---

(1) Magendie. P. 276 v. 4.

» sur le sang et lui enlève sa coagulabilité, de là
» impossibilité de la circulation; de là cessation
» spontanée des phénomènes vitaux. (1) »

Après des déclarations telles que celles-ci, la vitalité ne fut-elle pour rien dans la modification apportée
dans la composition et l'action des substances passant
par l'estomac; cet organe fut-il réduit à un simple
rôle passif de tamisation ou ne fit-il que retarder
l'absorption, toutes ces applications thérapeutiques
tombent et ne sauraient plus avoir ni utilité, ni importance, puisque l'action de l'estomac, quelle qu'en
soit la cause, n'en demeure pas moins un fait constant
et réel. D'ailleurs, pour prouver que son action n'est
nullement réduite à une passivité mécanique, nous
n'aurons besoin que de mentionner certaines expériences fournissant des résultats tout-à-fait opposés à
ceux obtenus sur d'autres chiens soumis à l'injection
des mêmes substances dans les veines.

La dernière citation que nous avons empruntée, a
en outre un avantage immense que nous ne saurions
négliger de faire ressortir, d'autant mieux qu'en
cela nous sommes tout-à-fait dans notre sujet.

Par les cas antérieurs et d'autres expériences, dont
une immédiatement subséquente, l'auteur se croit en
droit de considérer le sous-carbonate de soude comme
jouissant de la *propriété* de rendre la circulation
impossible en déterminant la coagulation du sang.
Or nous avons déjà fait mention d'une observation
éminemment curieuse consignée dans son ouvrage. (2)

---

(1) Magendie. P. 336 v. 3. — (2) P. 357 v. 3.

Elle est tellement importante en ce qu'elle infirme positivement et cette propriété, et une foule d'autres propositions, que nous ne saurions résister a la tentation de la rapporter en détail, ou tout au moins d'en présenter une analyse. Par elle-même elle est si concluante, que nous pourrons, je pense, nous dispenser de la faire suivre de réflexions et annotations auxiliaires.

Ce chien malencontreux, véritable vengeur de son espèce, semble n'être tombé sous la main canicide de M. Magendie que pour contrecarrer toutes ses hypothèses, renverser ses théories, fournir des démentis à ses assertions, annihiler, en un mot, ses travaux et toutes ses grandes lois déduites de faits authentiques incontestables et incontestés.

Et d'abord cet animal s'annonce dans des dispositions telles que, dès le principe, il se montre rebelle aux manifestations morbides au point que, « déjà » par trois fois nous lui avons injecté dans la jugu- » laire 20 grammes de sous-carbonate de soude; et, » chose remarquable, il paraît moins malade au- » jourd'hui qu'après la première injection. (1) » Le professeur n'en conclut pas moins que le sang ne doit plus être coagulable et en cela il est fondé sur un certain nombre d'expériences. Pourtant nous voyons que le sang extrait de la veine jugulaire, quoiqu'évidemment modifié dans sa coloration, a fourni un caillot organisé en moins d'une minute. (2)

---

(1) Magendie. P. 357 v. 3. — (2) P. 358 v. 3.

Le sang du pauvre animal étant donc encore coagulable, et même à un degré plus prononcé, je crois, que dans l'état normal, on lui pratique une quatrième injection par laquelle on introduit encore dans le sang « 20 grammes (de sous-car-» bonate de soude) dans les deux tiers d'une livre » d'eau distillée. » (1) Ce qui fait un total de 80 grammes tandis qu'ordinairement une dose de 30 grammes est suffisante : sans parler de la masse d'eau introduite en même temps dans la circulation et dont la propriété est également, nous a-t-on établi, de défibriner le sang ou tout au moins de le priver de sa coagulibité. Eh bien! une nouvelle saignée étant pratiquée le sang se coagule presque immédiatement. Mais je ne puis résister au plaisir de citer le passage textuellement, craignant d'être taxé d'exagération et d'infidélité pour compte-rendu, tant la chose est surprenante. « Voilà, Messieurs, un » fait fort extraordinaire, comment, près de 80 » grammes de sous-carbonate de soude ont pu être » à diverses reprises injectés dans les veines de ce » chien et le sang jouit encore de la faculté de se » prendre en masse! Nous sommes pourtant bien » sûr de la substance que nous avons employée. » Avant la séance on a injecté 25 grammes à-» peu près chez un autre chien qui est mort une » demi-heure après. Il y a donc là quelque chose » qui nous échappe. (2) »

---

(1) Magendie. P. 359 v. 3. — (2) P. 359 v. 3.

Ce serait le cas de reconnaître la présence et la variabilité de la force vitale ; cependant M. Magendie n'en fait seulement pas mention : toutefois il ne saurait arguer que ce résultat tient à une disposition particulière du sang, à sa composition chimique : car, ayant de nouveau extrait du sang de l'animal, il n'a qu'à le mélanger au sous-carbonate de soude pour qu'il ne présente plus « la moindre trace de » caillot et conserve sa fluidité. (1) » Si la leçon n'est pas profitable elle est pourtant bonne en tout point, et nous ne sommes pas assez difficile pour ne pas en être satisfait.

Après cela quelle créance veut-on qu'on ajoute à sa parole quand il dit, à l'occasion de la mort d'un chien promptement déterminée par une injection, dans la jugulaire, de sous-carbonate de soude : « Vous ne pouvez » attribuer à l'action vénéneuse du sel circulant avec » les liquides, la rapidité foudroyante des accidents, » puisque dans certaines circonstances on le prescrit » sans danger aux malades, à la dose de plusieurs » gros. (2) » Dans l'expérience suivante il cherche à déduire les mêmes considérations. (3)

Vraiment c'est par trop fort, et nous ne saurions croire que l'auteur puisse ajouter foi à de pareilles futilités ; car, après tout, où va-t-il aboutir avec les indications thérapeutiques tirées de la certitude dès-lors acquise sur *la cause* de la maladie ?.... A

---

(1) Mag. P. 360 v. 3. — (2) P. 316 v. 2. — (3) P. 320 v. 2.

la mort de l'illustre amiral dont il relate l'histoire, page 325.....

Voyez où l'on arrive d'exagérations en exagérations. M. Magendie veut ici (1) prouver les effets de la digitale et démontrer que, par son introduction, quelle que soit la voie choisie, elle détermine toujours les mêmes effets. En conséquence il injecte d'abord un gros d'alcool de digitale et il obtient une diminution assez notable dans le nombre des pulsations; mais, afin d'arriver à une différence encore plus notable, il réitère l'injection à la dose d'un demi-gros. » Malheureusement (dit-il) l'animal commence à se » fatiguer de nos expériences : ses efforts, ses mou- » vements désordonnés troublent la circulation et nous » empêchent de bien apprécier le degré d'action du » médicament. Le pouls remonte, (de 84 pulsations) » il est maintenant à 100. » C'est pourtant par des expériences de ce genre qu'il prétend (2) essayer l'action des principaux médicamens employés dans la thérapeutique. Du reste, observez toute la portée de ces expériences. Voyez comme la nature se joue à son gré de ses calculs et de ses prévisions. L'auteur en accuse l'impatience du malheureux supplicié et attribue à ses efforts, à son désordre, le trouble apporté à la réussite de son opération : en vérité c'est sa faute, si le pouls au lieu de baisser s'est élevé !

D'ailleurs, comment compter sur une action certaine de la part d'un médicament? Ne sait-on pas

---

(1) Magendie. P. 71 v. 3. — (2) P. 69 v. 3.

que telle substance, opérant sur un individu donné, n'agit pas de la même manière ou avec la même intensité chez un autre? L'observation, par nous rapportée page 58, en est une preuve. Il ne nous serait pas difficile d'en trouver d'autres. P. Franck nous cite le fait suivant : « On a vu un homme chez le- » quel les plus forts émétiques ne pouvaient exciter » le vomissement. (1) » Voulez-vous des exemples plus récents? Consultez l'article de thérapeutique au sujet *d'expériences cliniques* faites par M. Toulmouche sur le kermès minéral et vous y lirez entre autres conclusions celle-ci : « Son action vomitive » est incertaine, puisqu'on ne peut compter sur elle » que dans un peu moins de la moitié des cas. (2) »

Au surplus, sans recourir à d'autres médicamens que la digitale, il ne nous serait pas difficile de prouver toute la différence qu'on peut et doit attendre de son action suivant son mode d'administration. Nous lisons en effet dans un des ouvrages du professeur Anglada : « Suivant Rogeri, la digitale pourprée, admi- » nistrée en frictions, n'a plus l'inconvénient de ra- » lentir le pouls ; ce qu'elle fait si communément lors- » qu'elle est introduite dans les voies digestives. (3) »

Nous trouvons dans cet excellent traité un grand nombre d'observations curieuses capables de démon-

---

(1) Médecine pratique, p. 437 v. 3.
(2) Gazette médicale du 17 novembre 1838, N° 46.
(3) Toxicologie générale publiée par le Dr Charles Anglada, son fils, p. 137.

trer jusqu'à quel point **M.** Magendie est fondé à calculer l'action des substances médicatrices d'après la quantité administrée et sans tenir aucun compte du mode d'introduction. Nous n'en citerons que quelques exemples croyant inutile de surcharger notre ouvrage de citations; bien persuadé que nous n'en avons pas besoin pour déterminer la conviction de nos lecteurs, vu les sources auxquelles nous puisons. « Kaw–Boerhaave, Wepfer et autres, ont vu une » pilule d'opium produire, à un haut degré, tous » les efforts propres à ce médicament, quoique la » pilule rejetée par le vomissement eût conservé sa » forme et son poids primitifs. » (1) « Cotuni avait » constaté que l'opium est plus actif lorsqu'on l'ad-» ministre en lavement que lorsqu'il est amené direc-» tement dans l'estomac. (2) «Comment se fait-il que, » l'acide arsénieux tuant plus vîte (appliqué) au dos » qu'à la cuisse, l'action du sublimé se prononce » d'une manière inverse? (3) »

En présence de tels faits et des suivans peut-on ne vouloir tenir aucun compte de la différence apportée dans l'action d'une substance suivant son mode d'administration? L'huile d'olives, l'eau de gomme, le sirop de dextrine injectés dans les veines déterminent rapidement la mort; (4) et cependant l'auteur nous dit: « En quoi quelques grains de ce sel (sous-car-» bonate de soude) introduits par les veines dans l'é-

---

(1) Toxic. gén. p. 135. — (2) *Id.* P. 138. — (3) *Id.* P. 137.
(4) Magendie. P. 140 v. 3.

» conomie pouvaient-ils exercer une action délétère,
» lorsque plusieurs gros sont chaque jour prescrits
» sans danger dans le traitement des maladies? (1) »

Une remarque qui rendra, peut-être, nos observations à ce sujet plus sensibles, en y joignant un
caractère de plus de gravité, nous est suggérée par
quelques notes que nous avions négligées : M. Magendie, comparant la pneumonie aux désordres qu'il
détermine par certaines expériences, attribue celle
survenant pendant les convalescences, au régime
auquel le malade a été soumis : il en trouve la raison
suffisante dans les boissons aqueuses données pour
toute nourriture et accompagnées d'émissions sanguines. Or, voici ce qu'il dit : « Eh ! Messieurs, n'est-
» ce pas là littéralement l'histoire des animaux que
» nous saignons et chez lesquels nous injectons de
» l'eau dans les veines...... Mêmes causes d'épui-
» sement, même insuffisance de nutrition. Le sang
» extrait est remplacé par l'eau, qui dans un cas,
» est absorbé dans l'estomac, que dans l'autre vous
» injectez dans la veine, mais quelle que soit la voie
» par laquelle ce fluide arrive, c'est toujours de l'eau,
» dont la présence en excès amène une diminution
» de la coagulabilité du sang. (2) »

Il me semble que journellement nous avons la preuve de la différence apportée dans les effets d'une substance, par le mode d'introduction. En effet, dans

(1) Magendie. P. 301 v. 3. — (2) P. 387 v. 3.

ces contrées, tous les mets sont généralement apprê-
tés à l'huile d'olive : cependant, non seulement cette
coutume ne détermine pas chez les habitans une mort
rapide, mais il nous paraît même que la vie commune y est généralement plus longue; et nous y
remarquons surtout une beaucoup plus grande proportion de vieillards.

On sait les quantités d'eau de gomme adminis-
trées journellement. On n'ignore pas non plus qu'un
grand nombre de personnes du sexe se contentent, à
leur repas, de boire de l'eau pure : or, bien que
n'importe la voie par laquelle ce fluide arrive,
ce soit toujours de l'eau, les effets obtenus dans l'un
et l'autre cas ne sauraient être comparés. Nous ne
voyons pas que cette même cause d'épuisement, cette
même insuffisance de nutrition dont la présence en
excès amène une diminution de la coagulabilité du
sang introduite dans les veines, agisse de même introduite dans l'estomac, et détermine alors des pneu-
monies.

Il est d'observation commune que très souvent dans
les fièvres, malgré l'emploi des tisanes dont les malades font usage, la fièvre loin de se calmer se maintient, par fois même redouble; or, d'après le dire
de M. Magendie, le contraire devrait avoir lieu; car
l'augmentation de la partie aqueuse du sang diminue
la force d'impulsion de la pompe gauche (du cœur) (1).

_____

(1) Magendie. P. 61 et 81 v. 3.

Du reste, les faits ayant toujours une supériorité incontestable sur les raisonnemens, nous allons chercher à vérifier, par une expérience de l'auteur, si l'action débilitante de l'eau sur les contractions du cœur est réellement un fait avéré, constant, sur lequel il soit possible de compter pour servir de base à nos indications.

L'expérience a lieu sur un chien, et les effets produits sont estimés *mathématiquement* par l'hémodynamomètre. (1) Avant la première injection, le mercure oscillait entre 70—75, 65—70 mill. L'injection est pratiquée avec de l'eau marquant trois degrés au-dessus de zéro : l'expérience n'ayant jamais été faite, le professeur présume que la pression sera diminuée. La seringue contient 100 centimètres cubes de liquide. Nous allons extraire textuellement la suite de cette expérience vraiment concluante.

« 1re injection : 70—85, 68—75, mill. 2me in-
» jection : 60—80, 75—85 mill. 3me injection :
» 65—80, 70—85 mill. 4me injection : 65—85,
» 70—80 mill. Il paraîtrait, Messieurs, qu'au lieu
» de diminuer, la pression est légèrement augmentée.
» Je m'attendais à un tout autre résultat. Continuons :
» 5me injection : 60—85, 65 85 mill. 6me injec-
» tion : 70—80, 65—115 mill. Cette dernière
» ascension de la colonne dépend d'un violent
» effort que vient de faire l'animal. Il est évident
» que la pression n'est pas plus faible par l'effet

(1) Magendie. P. 221 v. 3.

» de l'eau froide ; elle a même monté de quelques
» millimètres. » Ici l'animal est soumis à une éva-
cuation sanguine pour reconnaître la température du
sang qui est à 34 centigrades. « C'est un refroi-
» dissement de 7 à 8 degrés. » Après quatre nouvelles
injections M. Magendie nous dit : « Le niveau du
» mercure se maintient au même point, sans varia-
» tions notables. Je suis d'autant plus surpris de
» ne pas voir la colonne baisser que la théorie m'au-
» rait fait admettre pour ce cas deux causes de di-
» minution de la pression vasculaire ; en premier
» lieu la température du liquide ; en second lieu ,
» son action débilitante. Vous apercevez combien l'a-
» nimal est gonflé par l'accumulation de ces injections
» successives. Les parois artérielles sont tendues ,
» rénittentes ; il y a une sorte de pléthore aqueuse.
» Poursuivons cette expérience ; elle m'intéresse bien
» vivement. Le professeur injecte dans la veine de
» nouvelles quantités de liquides. Le mercure oscille
» entre 65 et 85 mill. »

« Nous venons de pousser la dix-huitième injec-
» tion , et la pression n'est pas sensiblement modifiée.
» Restons-en là pour aujourd'hui. Près de deux litres
» d'eau froide sont passés dans la circulation ; c'est
» plus que suffisant pour les effets que nous voulions
» produire , mais qui , nous nous empressons de l'a-
» vouer, ont été tout-à-fait l'opposé de ce que nous
» attendions. C'est donc un nouveau démenti que nous
» donne l'hémodynamomètre : acceptons le sans
» murmure. »

Il est probable que M. Magendie se fût évité ce démenti, s'il eut consenti à faire la part de la vitalité. Je pense que ces expériences sont assez concluantes, pour ne pas permettre le moindre doute sur l'importance des résultats qu'on doit en attendre.

M. Magendie blâme les médecins qui, sur la foi de ceux qui les préconisent, emploient des médica-camens, dont ils ignorent le mode réel d'action. (1) Afin de démontrer combien cette manière d'agir est légère et répréhensible, il cite l'acide sulfurique, donné comme astringent, sur les propriétés duquel il avait des doutes, lesquels doutes, se sont, dit-il, convertis en certitude : l'acide sulfurique, injecté dans les veines, ayant liquéfié le sang au lieu de le coaguler. Par suite de cette leçon donnée par l'expérience, il arrive à nous dire : « Poursuivons main-
» tenant nos séries d'expériences. Comme vous devez
» vous y attendre, elles portent particulièrement sur
» les matières médicamenteuses; car *il est pour nous*
» *de la plus haute importance* de vérifier l'action que
» produisent ces substances sur le liquide qui réagit
» à son tour, sur toute l'économie. (2) » Or, sa manière d'expérimenter les médicamens consiste à les introduire dans l'économie, par injections dans les veines; ou bien à les essayer dans des éprouvettes, sur du sang extrait des vaisseaux. Je ne sache pourtant pas que ce soit ainsi qu'ils sont administrés dans la

---

(1) Magendie. P. 209 v. 4. — (2) P. 211 v. 4.

pratique. Du reste nous aurons occasion de démontrer, ainsi que nous l'avons déjà fait, qu'on ne saurait attendre les mêmes résultats d'un médicament
administré par telle ou telle voie.

D'abord, pour ce qui est de l'acide sulfurique,
contre l'emploi duquel l'auteur s'élève tant et plus,
je pense que s'il veut que nous ajoutions foi à ses
expériences, il nous permettra aussi de croire à celles
des autres. Or, si en médecine l'emploi de cet
agent contre les hémorragies était nuisible plutôt
qu'utile, comment eût-il été, de tout temps, et encore
de nos jours, vanté et employé comme donnant
de très-heureux résultats? Faudra-t-il ajouter de
préférence foi à ses expériences et rejeter comme
erroné ou mensonger le dire des praticiens? Non
certes, j'aimerais mieux croire que chacun a également raison. En effet, fût-il vrai que l'action
d'un médicament fût la même ingéré dans l'estomac
ou injecté dans les veines, je dirais : les expériences de M. Magendie établissent que l'acide sulfurique a la propriété de favoriser les hémorragies
en empêchant le sang de se coaguler. Donc, il est
prouvé, et je reconnais qu'il jouit de cette propriété chimique. Aux praticiens je pourrais dire :
par vos observations cliniques, il est bien constaté
qu'un des plus puissans astringens, pour arrêter les
hémorragies, est l'acide sulfurique. Je l'admets,
bien plus, je le crois; mais puisque cette même substance a la propriété de décomposer le sang et de

le rendre incoagulable, j'observerai : dans ce cas,
il agit sur le mécanisme, conformément à ses propriétés chimiques, tandis que, dans le premier cas,
il doit agir sur le dynanisme vital, en dépit de
ses propriétés chimiques.

C'est là un des avantages de ne vouloir s'obsti-
ner qu'à envisager un seul côté d'un objet, et de
croire que, par la connaissance de cette face, il
est permis de juger de chacune en particulier, et
de toutes dans leur ensemble. Souvenez-vous donc
que, dans l'être vivant, il y a deux ordres de phénomènes : les phénomènes vitaux et les phénomènes
physiques. Ne vous obstinez pas ainsi à ne vouloir
jamais tenir le moindre compte d'un ordre de phénomènes, que l'auteur est obligé de proclamer si
souvent, et auquel il a été, bien des fois, réduit
à attribuer la production ou la modification des
phénomènes physiques.

Jettons maintenant un coup d'œil sur quelques
expériences ; et nous verrons jusqu'à quel point
il peut être permis de dire qu'elles nous révèlent
l'action des médicamens.

Une injection d'eau naturelle de Barèges, dans
les veines d'un chien, a déterminé la mort de l'a-
nimal. (1)

Ce résultat peut servir, je pense, à vous démontrer l'immense différence des résultats donnés

_____

(1) Magendie. P. 280 **v.** 4.

par une substance ingérée par l'estomac , ou injectée dans les veines : en effet, s'il n'y avait d'autre
différence que celle apportée par la lenteur de
l'absorption stomachale, il en résulterait que les
effets pourraient être plus tardifs; mais ils ne
sauraient se produire différens. Chacun sait l'emploi
et l'usage fréquent des eaux de Barèges; or , je
ne saurais croire qu'il en fût ainsi, si tels étaient
leurs effets.

Mais ce n'est pas la peine de perdre son temps
à des réfutations , quand on possède d'aussi irrésis-
tibles argumens que ceux que nous avons à notre
disposition. Rien ne saurait se comparer aux faits:
ils sont brutaux, mais n'importe. Aussi allons-nous
terminer ce chapitre par une analyse parallèle de
résultats contradictoires obtenus et constatés dans
les expériences mêmes de M. Magendie.

N° 1.	N° 2.
Une demi-bouteille de vin de Bordeaux ingérée dans l'estomac d'un chien n'a déterminé d'autre acci-dent qu'une ivresse com-plète. (1)	La même expérience ré-pétée sur un autre chien a déterminé la mort de l'ani-mal dans l'espace de vingt-quatre heures. (2)

Cette différence tient vraisemblablement à ce que
le chien n° 2, était d'une taille et d'une force peu
communes.

---

(1) Magendie. P. 276 v. 4. — (2) P. 301 v. 4.

Nᵒ 1.

Un chien sur lequel vous aviez pratiqué une injection d'eau de Baréges a survécu à l'expérience. (1)

Un chien soumis à une injection de crême de tartre dans la veine jugulaire, ne paraît pas en ressentir les fàcheux effets. (3)

Nᵒ 2.

La même expérience a occasionné la mort d'un autre chien dont vous rapportez l'autopsie. (2)

Vous procédez à l'autopsie d'un chien qui a succombé à une injection de crême de tartre dans les veines. (4)

COROLLAIRES.

« Voulant apprécier la manière dont diverses subs-
» tances médicamenteuses agissent sur le sang, nous
» les avons mises en contact avec ce liquide étendu
» d'eau. Le mélange a été fait dans des éprouvettes
» qui permettent facilement d'en vérifier les consé-
» quences.......... Mais ce qu'il importe surtout que
» vous fixiez dans votre mémoire, c'est que ces
» substances injectées par les veines, et portées ainsi
» dans la circulation de l'animal vivant, ont produit
» sur le sang les mêmes phénomènes que vous avez
» vu naître dans nos éprouvettes. (5) »

« Jusqu'ici l'expérience nous a appris que, rela-
» tivement à nos études présentes, (l'action des mé-
» dicamens sur le sang) les phénomènes qui se
» passent dans l'éprouvette, ont lieu de la même
» manière dans l'économie. (6) »

(1) Mag. P. 281 v. 4. — (2) P. 281 v. 4. — (3) P. 258 v. 4. — (4) P. 258 v. 4. — (5) P. 224 v. 4. — (6) P. 274 v. 4.

« L'action d'une substance sur le sang est-elle la
» même, injectée dans ses vaisseaux ou seulement
» mise en contact avec ce liquide dans un simple
» vase; en un mot, la vitalité n'empêche-t-elle pas
» la réaction chimique : les épreuves que nous avons
» faites n'ont laissé *aucun* doute à ce sujet, il est
» bien *constant* que les matières que vous voyez
» liquéfier le sang dans nos éprouvettes agissent de
» la même façon dans les tubes vivants de nos or-
» ganes. (1) »

Pour nous, la solution du problème est tout autre.
Sans sortir des expériences relatées par M. Magendie,
dans son même ouvrage, nous allons lui en fournir
quelques preuves que les prochains chapitres vien-
dront encore fortifier; si tant est que M. Magendie, ou
quelqu'un de nos lecteurs, puisse encore conserver
le plus léger doute.

A la page 102 de cet opuscule, après avoir rapporté
les suites de sa malencontreuse expérience sur un
chien, nous avons rappelé que son sang, parfaitement coagulable au sortir des vaisseaux, contenant
80 grammes de sous-carbonate de soude, ne présentait
plus la moindre trace de caillot, et conservait sa
fluidité si on le mélangeait dans un vase au sous-
carbonate de soude.

Il en est de même des résultats d'un certain nombre
d'expériences, consistant à injecter de l'eau distillée

---

(1) Magendie. P. 180 v. 4.

dans les veines des animaux. Le sang de plusieurs est resté parfaitement coagulable.

Mais qu'est-il besoin de relever de telles fanfaronnades, d'aussi prétentieuses conclusions, quand les faits parlent si haut.

Au surplus s'il était besoin d'autres preuves, encore plus directes, s'il est possible, nous mettrions sous les yeux certains passages, tels que les suivans, extraits du même ouvrage.

« Il existe une immense distance entre la fibrine » qui circule avec le sang, et celle que nous extrayons » de ce liquide reçu dans nos vases. (1) »

Recherchant la cause de la séparation du sang en deux parties après son extraction des vaisseaux et ne pouvant la trouver ni dans le contact de l'air, le repos ou le refroidissement l'auteur dit : « La véri- » table cause de ce phénomène doit être cherchée » dans l'absence du contact entre le liquide et les » parois de ses tuyaux. Quelle est donc cette har- » monie si parfaite dont le dérangement entraîne de » si graves conséquences? Je l'ignore. *Elle dure* » *avec la vie et s'éteint avec elle.* (2) »

« Nous avons besoin de nous rappeler que le sang » sur l'animal vivant est *tout autre* que dans nos » vases. (3) »

---

(1) Mag. P. 89 v. 4. — (2) P. 257 v. 3. — (3) P. 88 v. 4.

CHAPITRE IX.

DE LA CERTITUDE DES DONNÉES FOURNIES PAR L'ÉTAT DU SANG.

> Ou c'est un signe pathognomonique, et alors il doit
> se montrer dans tous les cas identique, ce qui n'ar-
> rive pas ; ou bien c'est un effet accidentel et sans va-
> leur, que l'on ne doit enregistrer que pour la forme ,
> bien loin de le faire servir de base au traitement que
> l'on prescrira.
>
> (MAGENDIE, *Phénomènes physiques de la vie*,
> t. 4 p. 290.)

« Il est donc pour le sang un certain degré de
» viscosité, en-deçà et au-delà duquel la circulation
» est impossible. Ce n'est pas impunément que dans
» nos expériences ou dans les maladies cette pro-
» priété physique se trouve modifiée. (1) »

Depuis la page 20 du 4me vol. jusqu'à la page 30
inclusivement, M. Magendie s'évertue, pour nous
prouver que toutes les affections dépendent d'une
altération du sang ; et que la nature de ce liquide
est une question de vie et de mort. Il ne paraît
vouloir tenir aucun compte des autres parties de la
constitution.

---

(1) Magendie P. 292 v. 3.

Quelle preuve a-t-on que l'altération du sang, à laquelle on attribue (1) les lésions locales et générales, ait été primitive et non pas consécutive, ou qu'elle n'ait pas coïncidé avec une modification de la constitution du dynamisme vital ?

« Voilà un exemple frappant de l'influence exercée
» par les propriétés physiques du sang sur la mar-
» che de ce liquide à l'intérieur de ses tuyaux. La
» physique vitale nous est ici d'un bien grand se-
» cours car *elle nous permet de remonter* au principe
» des désordres organiques ; et c'est là que gît la
» question. (2) »

Oui la question est toute là ; c'est-à-dire qu'elle consiste à reconnaître le principe des désordres organiques. Mais, veut-on regarder l'altération du sang comme en étant le principe, la cause première ? C'est ici que nous cesserons, sinon de nous comprendre, du moins d'être d'accord ; car, pour nous, cette modification dans l'état pathologique, n'est qu'un désordre organique ; et je ne vois pas qu'on nous ait donné, d'une manière positive, dans aucune de ses comparaisons entre les maladies humaines et les effets de ses expériences, les preuves nécessaires pour qu'on puisse dire que l'altération du sang a été la cause de ces phénomènes.

Il y a solidarité entre toutes les parties constituant l'agrégat. Que la modification du sang réagisse sur

(1) Mag. V. 4 P. 28 et autres — (2) P. 391 v. 3.

les tissus et sur le dynamisme vital, nous ne saurions le contester; mais, en retour, le dynamisme et l'altération des organes peuvent réagir sur sa composition et l'altérer. On ne saurait diviser ainsi l'être vivant, pour n'y voir que des morcellemens distincts et indépendans. Il n'en est pas un seul qui puisse le caractériser et le constituer; et je ne pense pas, qu'avec du sang à l'état normal, on ait la prétention de former un individu, ou même de rendre la vie à un cadavre.

Nous sommes loin de nier qu'il ne puisse y avoir le plus souvent, peut-être même toujours, dans chaque état pathologique, une altération quelconque du sang; mais, est-ce cette altération qui se trouve être la cause déterminante de l'affection? Voilà où réside toute la question. Pour notre compte nous ne le pensons pas, bien plus nous espérons pouvoir convaincre tout lecteur du contraire.

M. Magendie veut toujours considérer comme identiques les effets résultant de ses expériences, et ceux produits par la nature. Pourtant, loin d'y voir de l'identité, c'est à peine si nous y trouvons quelqu'analogie. Les premiers ont des conséquences bien différentes : fort souvent la même expérience, répétée sur plusieurs animaux, varie dans chacun d'eux quant aux effets qu'elle développe; et surtout quant à leur intensité, leur forme, l'ordre de leur développement. Dans les effets produits par la maladie il n'y a pas pour l'ordinaire ces transitions brusques; elles sont graduées. Du reste, il nous fournira maintes fois l'occasion de revenir sur ce sujet.

« Ce que les maladies développent sur l'homme,
» pourquoi ne le reproduirions-nous pas sur l'animal
» vivant? ces prétentions de notre part pourraient
» paraître tant soit peu téméraires, s'il s'agissait de
» phénomènes vitaux, mais comme nous ne faisons
» ici allusion qu'à des phénomènes mécaniques, nous
» ne nous écartons point des limites d'une légitime
» ambition. (1) » S'il y a dans l'individu vivant scission entre ces deux ordres de phénomènes, s'ils sont indépendans, distincts les uns des autres, abruptes ; que ne produisez-vous donc vos prétendus phénomènes *mécaniques* sur le cadavre ? Qu'est-il besoin de mettre un si grand nombre de chiens à la torture, si la vie n'a que faire dans la production de ces phénomènes ? Elle ne pourra que gêner, embarrasser, enrayer les résultats de vos expériences, et il me paraît qu'elle s'acquitte à merveille de ce rôle, afin d'employer son temps, et de l'utiliser par des démonstrations évidentes : car, malgré toute l'abnégation d'amour-propre dont l'auteur veut qu'il lui soit tenu compte en publiant des résultats contradictoires, je répèterai toujours les mêmes questions. En effet que veut-on que nous fassions de ces expériences quand, par suite de la mort d'un animal, on nous déclare : « J'étais
» loin, je l'avoue, de soupçonner un semblable

(1) Magendie. P. 121 v. 3.

» résultat, car il est opposé à tout ce qu'on sait sur
» la coagulabilité du liquide animal dans tel ou tel
» système de vaisseaux. Vous le voyez, Messieurs,
» jamais nous ne faisons une expérience sans arriver
» à la connaissance de quelque fait nouveau, *et sans*
» *recevoir quelque démenti à nos prévisions.* (1) »

« Vous nous avez vu donner lieu, à notre gré,
» tantôt à la pneumonie, tantôt au scorbut, à la
» fièvre jaune, à la fièvre typhoïde, etc., etc., sans
» parler d'un grand nombre d'autres affections mor-
» telles que nous avons, pour ainsi dire, évoquées
» devant vous. (2) » Le tout par des injections dans
le sang.

« C'est ainsi que nous déterminons à volonté ce
» qu'on appelle une gastro-entérite, une fièvre ty-
» phoïde ; la rougeur et l'altération de la muqueuse
» intestinale, tous les caractères enfin de ces affec-
» tions se reproduisent avec une rigoureuse exac-
» titude, et sont, selon nous, le résultats de causes
» chimiques, physiques et physiologiques. (3) »

Croyez-vous donc qu'une maladie soit constituée
par les phénomènes pathologiques qu'elle détermine,
par les lésions organiques dont le cadavre nous fournit
les traces? Une maladie n'existe qu'autant qu'elle est
constituée toute entière : c'est-à-dire qu'elle est telle
affection donnée, et non pas telle autre, par une
foule de circonstances, d'épiphénomènes, de symp-

---

(1) Mag. P. 127 v. 3. — (2) P. 5 v. 4. — (3) P. 8 v. 4.

tômes, constituant son histoire : chacun d'eux est, du reste, susceptible d'offrir des variations dans chaque individu, modifié qu'il peut être par son idiosyncrasie. Aussi, ne voyons-nous pas à quelles conclusions M. Magendie veut arriver, quand, (1) analysant les lésions pathologiques offertes par le cadavre d'une femme morte de la variole, il trouve dans ces altérations organiques une identité parfaite avec les phénomènes présentés par l'autopsie des chiens, frappés de maladies par lui créées de toutes pièces ?

Impossible de supposer qu'il puisse s'arrêter à la pensée d'attribuer cette variole à une cause identique à celles au moyen desquelles il produit ces prétendues maladies sur l'infortunée gent canine. Nous ne saurions nous arrêter à une idée aussi absurde. Il ne nous reste plus qu'à conclure que les phénomènes, par lui développés, doivent être considérés comme donnant lieu à une affection identique à la variole ; mais alors, où sont les prodromes, les phases et le mode de développement de cette maladie ? Qu'on nous prouve que cette affection est susceptible de se développer chez un autre animal par l'effet d'une simple inoculation ? Qu'est-ce qui nous représente l'inaptitude qu'ont les individus, une fois atteints de la variole, de la contracter de nouveau ? Où sont ces cicatrices rayonnées, carac-

_____

(1) Magendie. P. 7 v. 4.

téristiques du passage de cette maladie? Les résultats, dit-il, sont les mêmes. Une maladie n'a jamais
été constituée par les traces qu'elle laisse sur le
cadavre. Où en serait dès-lors le diagnostic? D'ailleurs ces traces sont souvent trompeuses, parfois
elles n'existent pas; et dans tous les cas, elles ne
sont qu'une partie de l'histoire de la maladie à la
suite de laquelle elles ont été observées. De part
et d'autre le résultat bien constaté c'est là mort.
Mais on meurt de tant de manières! Les lésions
restées et observées sur le cadavre sont les mêmes;
en concluera-t-on qu'il n'y a qu'un moyen de dé-
molir un édifice? Je ne le présume pas : pourtant
quel que soit le moyen auquel on ait recours pour
arriver à ce but, en apparence le résultat est le
même : un emplacement privé de l'édifice qui le
surmontait et encombré de ses matériaux.

Au surplus, quand l'auteur sera tenté de se vanter
de produire à son gré, à volonté, des effets donnés,
telles ou telles maladies; reportez-vous entre autres
à l'histoire de ce chien consignée pag. 357. vol. 3.
et vous aurez le plaisir de lui donner un pénible
démenti. Ne reconnut-il pas toute la futilité de ses
expériences quand il dit : « Je ne prétends pas......
» que le typhus, le choléra, la peste, la fièvre
» jaune, ne doivent plus être envisagés que comme
» autant de créations morbides, reconnaissant une
» même origine.......... Il est bien évident que
» chaque maladie a son début, ses symptômes, sa

» marche, sa terminaison, soumis à des règles
» différentes, que ce qui appartient à l'une ne se
» rencontre plus chez l'autre, puisque celle-ci revêt
» telle physionomie et celle-là telle autre, c'est donc
» en vain que vous flatterez de les rallier à un
» type commun. (1) »

Dans les maladies, comme il le dit fort bien :
« c'est le pourquoi des phénomènes, bien plus en-
» core que les phénomènes eux-mêmes, qu'il im-
» porte de connaître. (2) » Seulement, M. Magendie
dirige ces remarques contre ceux qui ne parlent dans
les fièvres graves, que des altérations des solides au
lieu d'y voir, ainsi qu'il prétend qu'il en arrive sur
les animaux (3), une défibrination du sang. De bonne
foi, croyez vous tenir le pourquoi de ces affections,
et l'avoir fait connaître en disant qu'elles proviennent d'une altération des fluides, du sang ? Je ne
saurais le supposer; car quelle a été la cause de cette
modification, de cette altération dans la composition chimique et les propriétés physiques du sang?
Car enfin, d'une part, chez ses animaux, il y a une
cause apparente, très apparente : on les prive de
leur fibrine par soustraction. Mais je ne sache pas
que les individus, atteints de ces fièvres, aient été
soumis à ces causes. D'où proviennent donc celles
qui ont déterminé chez eux des lésions pathologiques de même nature?

---

(1) Mag. P. 332 v. 3. — (2) P. 368 v. 3. — (3) P. 367 v. 3.

Nous ne concevons pas ensuite que l'auteur vienne nous dire qu'il y aurait de la mauvaise foi à l'accuser de vouloir tout rapporter aux altérations du sang (1). Il est fort possible qu'il n'ait pas la prétention de vouloir faire dépendre toutes les maladies de cette cause : nous n'aurions même jamais songé à lui porter une telle accusation, surtout après avoir lu : « Ainsi vous aurez des maladies » provenant de l'altération du sang, et d'autres d'une » altération particulière des organes : vous ne con- » fondrez point ces deux sources des lésions loca- » les, et vous ne leur opposerez pas les mêmes » moyens thérapeutiques. (2) » Soit dit en passant, il eut été fort utile d'indiquer quelque moyen infaillible pour ne pas tomber dans cette erreur. Vraisemblablement la chose aura paru trop commune, car M. Magendie n'en fait seulement pas mention ; mais revenons à notre sujet.

Si réellement son intention n'est pas d'attribuer aux altérations du sang la production de toutes les maladies, il me semble, tout au moins, que le cadre des maladies, qu'il veut expliquer ainsi, est assez grand : j'y vois entre autres (3) les fièvres entéromésentériques, ataxiques, typhoïdes... La fièvre jaune, la fièvre d'hôpital, la peste, le choléra, la pneumonie, le scorbut, la chlorose, l'hydrophobie, la grippe, la gangrène sénile, etc., etc. Nous avons

---

(1) Mag. P. 135 v. 4. — (2) P. 46 v. 4. — (3) P. 134 v. 4.

déjà fait, en grande partie, justice de ces prétentions exagérées qui seront, j'ose croire, réduites et
estimées à leur juste valeur.

L'assurance de l'auteur est inqualifiable. Com-
parez les résultats obtenus et mentionnés ; ceux que
nous aurons encore à relater succinctement ou en détail, avec l'aplomb imperturbable dont il fait preuve.
« Ces données expérimentales, qui paraîtront peut-
» être de peu d'importance aux esprits superficiels,
» sont cependant d'un haut intérêt ; elles présentent
» en foule des applications immédiates à la pratique
» des opérations chirurgicales et à celle de la mé-
» decine. (1) » Or nous n'avons pu voir, une seule fois,
qu'il eût été possible d'en faire une heureuse ou
utile application à l'une de ces branches de l'art
de guérir. Nous allons chercher, pour voir s'il nous
serait possible de reconnaître notre erreur. Nous ne
saurions le croire, et à ce sujet, nous devons redéclarer
qu'il n'y a peut-être pas dans tout l'ouvrage une seule
phrase qui tienne ; une seule proposition inattaquable
et difficile à anéantir en la réduisant à zéro ou à moins,
s'il est possible. En revanche, nous y trouvons un
grand nombre de phrases à effet dans le genre de
la précédente et de la suivante : « L'importance de ces
» recherches étant justifiée, nous allons tâcher de
» pénétrer plus avant dans ces questions neuves et
» ardues. (2) »

---

(1) Magendie. P. 98 v. 4. — (2) P. 98 v. 4.

Voyons un peu quelle pourrait être l'importance
de ces recherches; pour cela, enregistrons quelques
résultats ou expériences.

« Nous devons vous dire que l'état du sang n'est
» nullement en rapport avec les désordres qui se
» sont déclarés chez lui. (1) »

M. Magendie est obligé d'enregistrer un nouveau
démenti donné aux résultats infaillibles de ses expériences. Le sang d'un chien chez lequel il avait injecté de l'eau distillée dans les veines, « s'est par-
» faitement coagulé sans presque laisser séparer
» de sérum. (2) »

A la vérité il ne se montre pas très embarrassé
par ces contradictions. Une expérience ne lui réus-
sit-elle pas à souhait? Sans perdre contenance, il
s'écrie, comme si c'était pour lui un fait inoui :
« C'est là un phénomène fort curieux auquel j'étais
» loin de m'attendre. Y a-t-il pour cet animal quel-
» ques conditions individuelles toutes spéciales? (3) »

. Poursuivons, et nous serons peut-être à même de
juger, s'il se trouve dans un tel phénomène quelque
chose de surnaturel.

L'auteur nous rapporte les résultats des expériences auxquelles un de ses chiens était en proie. (4) Le
régime auquel il l'avait soumis consistait à lui sous-
traire chaque jour deux onces de sang, lesquelles
étaient immédiatement remplacées par une même

(1) Mag. P. 286 v. 4. — (2) P. 138 v. 4. — (3) P. 135 v.
3. — (4) P. 94 v. 4.

quantité d'eau distillée. L'animal se trouvait donc ainsi en butte, en même temps, à une double expérimentation, dont le résultat *certain* était, pour celle-ci de priver le sang de sa coagulabilité ; pour celle-là de lui ôter sa fibrine. Or, le sang, qui devrait être séreux et pauvre en caillot, ne présente presque pas de sérum.

Nous trouvons l'histoire d'un chien soumis, dans l'espace de huit jours, à trois saignées, de 4 onces chacune, suivies aussitôt d'une injection dans les veines de 4 onces d'eau distillée. Or, son sang présente à peine quelques gouttes de sérum. (1) A la vérité, M. Magendie nous apprend qu'un fait ne saurait en renverser un autre. (2) Nous ne sommes nullement disposé à nier cette proposition. Seulement nous conclurons qu'il a tort de vouloir compter, sans faire la part de la vitalité, qui vient à chaque instant lui donner les plus rudes démentis, dont il a le talent de ne pas seulement faire semblant de s'apercevoir ; car il trouve l'explication de ce dernier en ce que ce maudit chien urinait beaucoup après chaque injection : cause pour laquelle l'eau injectée dans les veines ne doit pas contribuer à augmenter le sérum du sang. (3)

Il est probable que cette différence tient chez cet animal à un phénomène vital. Cette présomption acquiert la plus grande vraisemblance quand on

---

(1) Mag. P. 104 v. 4. — (2) P. 105 v. 4. — (3) P. 106 v. 4.

remarque que la nature emploie très souvent les voies urinaires comme émonctoires. Pierre Franck ne rapporte-t-il pas que : « Sur cinquante animaux, sou- » mis aux expériences de la transfusion, on en a vu » vingt attaqués d'hématurie. (1) »

Partout, bien que l'auteur la méconnaisse, il faut reconnaître l'influence, l'action de la vitalité. En parlant des ophthalmies consécutives aux altérations produites dans le sang au moyen de diverses injec- tions, de substances variées, il nous dit : « Il y a ici » un fait digne de remarque, c'est qu'un des deux » yeux est presque toujours plus affecté que l'au- » tre.... Puisque la composition générale du sang » est modifiée, les phénomènes pathologiques que » cette altération produit devraient être les mêmes » dans deux organes semblables, recevant le même » liquide dans leur délicate texture et en recevant » la même quantité. (2) » Il y a donc, dans ce phé- nomène, quelque chose qui sort du domaine de la physique, et déterminé par l'influence de cette puis- sance occulte, inconnue constituant la vie.

Mais j'ai hâte de terminer ce chapitre; et c'est ce que je vais faire par d'heureuses citations, à l'appui de l'importance et de la certitude des données expé- rimentales.

Aux pages 139 et 140 du quatrieme volume, se trouvent mentionnés deux cas dans lesquels le

---

(1) Méd. prat., P. 366 v. 3.
(2) Magendie. P. 131 v. 4.

sang des malades a fourni, en proportion de sérum et de caillot, des résultats tout autres que l'auteur ne se croyait en droit de les trouver, par suite de la nature de leur maladie, par lui caractérisée comme étant constituée par une notable diminution de la partie coagulable du sang.

Bien que M. Magendie ait prétendu que le sang de scorbutique était incoagulable, il dit, à propos d'un envoi de sang d'un individu atteint de cette maladie : « cependant un caillot ferme et résistant est sous « nos yeux. (1) »

Nous lisons encore une expérience infirmant d'autres expériences identiques. Le sang d'un chien, asphyxié par le gaz acide carbonique, présente une coagulation évidente. (2)

---

(1) Magendie p. 231 v. 4. — (2) p. 240 v. 4.

CHAPITRE X.

CHIRURGIE INFUSOIRE ET TRANSFUSION.

.... On ne peut ni transformer son frère en soi,
ni se transformer en son frère.
(LAMENNAIS, *Le Livre du Peuple*, p. 58, *in*-18,
Paris 1838).

M. Magendie nous fait une belle digression, pour
nous prémunir contre la crédulité et la confiance
que nous pourrions apporter aux faits rapportés par
autrui. (1) Il conclut que nous ne saurions nous
fier aux résultats , que les Anglais prétendent avoir
obtenus dans des cas de choléra , au moyen d'une
opération de chirurgie infusoire. Or, la raison capi-
tale , sur laquelle il se fonde pour émettre ce précepte, c'est qu'une opération identique, c'est-à-dire ,
une injection de sérum humain chez un chien, a
déterminé la mort de cet animal : mort qui fut
précédée d'accidens graves et accompagnée de lésions
importantes.

Examinons combien il est en droit de nous donner
ces conseils que , pour notre part, nous sommes,
du reste , loin d'improuver.

---

(1) Magendie p. 136 v. 4.

Dans les deux cas il s'agit d'*expériences* ; seulement les Anglais en ont pratiqué *un certain nombre*. Lui, au contraire, n'en a encore fait qu'*une* ; ce n'est donc pas là la raison. Vraisemblablement elle consiste en ce qu'il a expérimenté sur un chien, lequel jouissait, en apparence, de l'état de santé, tandis que les Anglais ont opéré sur l'homme : sur l'homme malade, bien plus sur l'homme dans des conditions données, affecté d'une même maladie, sur l'homme enfin, se trouvant dans un état identique à celui pour lequel ils conseillent et préconisent leur moyen thérapeutique. C'est vraiment faire preuve d'un jugement et d'une logique au-dessus de tout éloge. A la vérité il y a, peut-être, dans une telle conduite beaucoup de conséquence. En effet, si l'on admettait leurs expériences, en considération de la plus grande analogie, il serait à craindre qu'on ne repoussât les siennes comme étant complétement dénuées de toutes les conditions nécessaires pour qu'on puisse les adopter et les mettre en pratique.

En traitant de l'influence que peuvent exercer sur l'organisme des injections d'eau dans les veines, après en avoir extrait une certaine quantité de sang, l'auteur conseille l'emploi de ce moyen chez l'homme dans les cas d'hydrophobie (1). Or, il se flatte d'un succès qui, pourtant, n'empêche pas la mort de ses patients, et il attribue à la présence

---

(1) Magendie p. 108 **v**. 1.

de l'eau dans les veines, des effets identiquement
analogues à ceux obtenus de tout temps par ceux
qui, plus humains, se sont contentés de se renfermer dans la première moitié de son expérience.
Qui ne sait, (il en convient lui-même pages 146
et 152 vol. 1ᵉʳ.) qu'en soustrayant une certaine
quantité de sang, on affaiblit tellement les forces du
malade ou de l'animal que, quand cette soustraction
est poussée jusqu'à un certain degré, elle les plonge
dans une sorte de torpeur voisine de l'anéantisse-
ment de toute sensibilité. M. Magendie croit par
là changer les allures, les instincts de l'animal !
A ce compte on ferait bien de recourir de nouveau à la question, si non pour obtenir l'aveu de
crimes vrais ou controuvés, au moins pour empêcher
les condamnés, non pas d'être criards et agités, mais
d'être voleurs, assassins, faussaires, etc., etc., eh
mon dieu ! êtes-vous donc à savoir que, si vous
liez fortement un homme furieux, si vous le mettez
dans de telles conditions que toute sa rage ne puisse
tourner qu'à sa honte et à sa confusion, il se montre
résigné et revenu à son premier état ; mais qu'on
le lâche : on le verra aussitôt saisir tous les moyens
d'assouvir sa vengeance, d'accomplir le projet qu'il
avait conçu ; absolument comme deux enfans qui
se battraient : séparez-les, ils se contenteront de se
regarder, et même feindront une reconciliation tant
que vous serez là ; éloignez-vous, de nouveau les
voilà engagés.

Vraiment nos législateurs se croiraient en droit d'introduire cette modification, s'ils venaient à lire l'ouvrage de M. Magendie et à ajouter foi à ses tours de force. En effet ici c'est un chien vif, criard, méchant qui a éprouvé une métamorphose complète. « Comment avons-nous dompté ses habi-
» tudes instinctives ? C'est en modifiant la composi-
» tion de son sang. Une large saignée lui a été
» faite, et à la place du liquide évacué nous avons
» injecté dans ses veines une quantité égale d'eau
» distillée. (1) » Il attribue à une modification instinc-tive ce qui n'est que l'effet du trouble apporté dans l'économie de l'animal, tant par son expérience elle-même que par ses effets. N'avait-il pas remarqué lui-même que les animaux, une fois soumis à ses expériences, devenaient abattus, mornes, etc., (2) refusaient tout aliment. Ne dit-il pas d'un chien, sur lequel il pratiquait une opération bien moins désastreuse, « il est devenu triste, s'est couché et a refusé des aliments. (3) »

Pourtant le professeur continue à vouloir rattacher à la seule altération de la constitution du sang, ces modifications apportées dans l'habitude et le caractère des animaux soumis à des expériences, ayant pour objet de modifier la composition du sang. Cette manière de voir le conduit à vouloir faire des appli-cations de chirurgie infusoire et de transfusion. En

---

(1) Mag. P. 201 v. 2. — (2) P. 182 v. 2. — (3) P. 205 v. 2.

10

voici une entre autres. « Voici un autre chien qui se
» portait parfaitement bien hier : il était gai, vif,
» changeait à tout instant de place, cherchait à
» mordre ceux qui approchaient de lui. Aujourd'hui
» ce n'est plus le même animal. Il est triste, abattu,
» paraît étranger et indifférent à tout ce qui l'envi-
» ronne. D'où vient cette métamorphose ? Du degré
» de coagulabilité où se trouve son sang. Ce matin,
» 10 grammes de sous-carbonate de soude, dissous
» dans une demi-livre d'eau, ont été injectés dans
» la veine jugulaire, Aussitôt etc........ (1) » Donc
la cause de cette métamorphose se trouve dans le
degré de coagulabilité du sang.

Dans cette explication une chose m'embarrasse ; et
je doute qu'elle ne soit pas, pour bien des gens, un
motif plausible pour rejeter de telles interprétations,
surtout après tous les mécomptes enregistrés par l'auteur et les nombreuses objections que nous avons cru
devoir faire ; la voici : on sait que la religion, une
impression morale telle que le succès, le revers ; le
désir, la crainte ; le plaisir, la peine ; la joie, la
colère ; etc., etc., modifient sensiblement et notre
caractère et nos habitudes. Dans ce cas, y a-t-il une
modification correspondante dans l'état du sang ? Nous
ne saurions le supposer ; car alors comment ces
changemens, par fois instantanés, pourraient-ils se
dissiper sous une autre influence pour revenir et subir

_____

(1) Magendie P. 314 v. 3.

de nouveau une transformation subite, ainsi que la nostalgie et surtout les passions amoureuses nous en fournissent des exemples.

Il nous paraîtrait beaucoup plus rationnel d'attribuer ces métamorphoses à l'effet de la douleur et de la crainte. A l'appui de cette manière de voir nous rapporterons l'expérience mentionnée à la fin du troisième volume. « Après la séance, le profes-
» seur injecte dans les veines d'un jeune renard,
» méchant et farouche, du sang d'un jeune chien
» doux et caressant. C'est, dit-il, une expérience
» physiologico-morale, dont il désire connaître les
» résultats. Le renard, après cette injection, ne
» paraît pas revenu à des habitudes plus paisibles.
» La première émotion passée, il cherche de nou-
» veau à mordre ceux qui l'approchent. Peut-être
» faudra-t-il tenter une nouvelle expérience : cela
» dépendra de sa conduite ultérieure. »

Lorsque nous lûmes cette histoire, l'ouvrage de M. Magendie nous était inconnu ; mais ayant ouï, maintes fois, parler de sa personne, comme d'un professeur distingué, connaissant d'ailleurs la composition, ordinairement choisie, de l'auditoire du collège de France, nous fûmes tenté de croire qu'elle ne se trouvait ainsi consignée que par supercherie. Nous pensâmes que c'était une calomnie, glissée par la jalousie pour déprécier et la valeur de cet ouvrage et le mérite de son auteur. Dans cette persuasion nous entreprîmes la lecture de l'ouvrage et ne tardâmes malheureusement pas à nous convaincre, par les passages cités et d'autres, que cette exagération était parfaitement dans l'esprit et les tendances de l'auteur. Notre conviction fut complète en ne trouvant, dans le volume suivant, aucune négation pour repousser cette expérience comme controuvée.

Toutefois nous ne remarquâmes pas sans plaisir que ces tentatives physiologico-morales avaient dû ne pas être fort heureuses ; car il n'en est pas fait la moindre mention, bien qu'il y ait eu, en quelque sorte, engagement de poursuivre une série d'expériences d'une si haute importance sous le rapport psychologique et philosophique.

Ne voulant accorder, dans les phénomènes développés chez l'agrégat vivant, qu'une part idéale aux phénomènes vitaux ; à la condition expresse qu'ils n'entreront pour rien dans les explications des actes s'accomplissant pendant la vie, M. Magendie se trouve souvent, sinon arrêté, du moins embarrassé. On le voit dans un grand étonnement de ce qu'une injection faite dans les veines d'un chien, avec le sang de douze ou quinze grenouilles, dont les globules, d'une forme différente et d'une surface double ou triple que celles des globules humains, n'a amené aucun fâcheux résultat pour l'animal. Il est surtout ébahi de n'avoir pu trouver dans l'inspection du sang, provenant d'une saignée faite à ce chien, vestige des globules injectés, et il s'écrie : « Par quel mécanisme, » des corpuscules aussi visibles, aussi connus que des

» globules de reptiles, peuvent-ils ainsi disparaître?
» Je l'ignore; mais remarquez, Messieurs, que dans
» le cours de nos recherches ce n'est pas la pre-
» mière fois qu'un fait de cette nature est venu
» s'offrir à nous. Vous vous rappelez, en effet, que
» l'albumine d'œuf d'oiseau a perdu ses propriétés
» distinctives, après avoir été injectée dans les veines
» d'un chien pour revêtir les caractères de l'albu-
» mine du sérum, et maintenant, voici que des glo-
» bules d'un calibre et d'une structure particulières,
» nous offrent le même phénomène et dans les mêmes
» circonstances. Encore rien ne nous dit qu'ici il
» y a eu transformation; en réalité, les globules
» de grenouilles mêlés au sang ont complétement
» disparu. (1) »

Il cherche le mécanisme de pareils faits; croit-il
donc le trouver? Toute interprétation rationnelle de
tels faits ne peut être donnée qu'en admettant, pour
leur accomplissement, l'intervention de puissances
occultes. La force vitale est seule capable de surmonter les obstacles apportés à la régularité de sa
marche. Par élimination ou par transformation elle
peut parvenir à reprendre ses fontions : c'est par un
travail qui lui est propre, qu'après avoir modifié et
leur structure et leur composition, elle parvient à
s'approprier des corpuscules qui eussent pu devenir
nuisibles.

---

(1) Magendie P. 366 v. 4.

Est-il possible de comprendre les intentions d'un
auteur qui, après toutes les déceptions qu'il nous a
fallu enregistrer, ose déclarer avec assurance :
« mais, de notre côté, quel démenti avons-nous reçu?
» Aucun! pourquoi? Parce que ce ne sont pas nos
» idées que nous mettons en avant : ce que nous
» vous exposons, n'est que le résultat d'observations
» scrupuleuses passées au creuset de l'expérience,
» et comme la nature est partout conséquente avec
» elle-même, ce qu'elle nous relève une fois ne sau-
» rait être contredit par elle. (1) » Que le lecteur
veuille bien prendre la peine de prononcer sur la
valeur de pareilles affirmations.....

La preuve de la justesse de ces réflexions consiste dans les résultats, manifestement contraires,
obtenus dans diverses circonstances identiques. Nous
en avons rapporté un assez bon nombre; mais,
tant pour ne pas en appeler à la mémoire de nos
lecteurs fatigués, que pour leur prouver la facilité
de pareilles citations, nous allons terminer en en
rapportant quelques-unes :

A la page 362, volume 4, M. Magendie rapporte
deux cas d'injection, dans les veines d'un animal,
de globules de sang d'animaux d'une autre classe. De
ces deux expériences l'une a déterminé la mort du
chien qui y était soumis; l'autre n'a eu, pour le chien
qui la supportait, aucun fâcheux résultat; ce qui lui

---

(1) Magendie P. 303 v. 4.

fait dire : « la question de l'usage des globules reste
» donc ce qu'elle était, c'est-à-dire entièrement
» vierge. (1) » Pour nous au contraire ces résultats
opposés fournis par des expériences de même nature,
concourent à mettre encore plus en évidence l'action
et la puissance de la force vitale. Mais poursuivons
nos citations :

Nº 1.

Un chien soumis à une injection dans les veines d'albumine d'œufs n'en a éprouvé aucun trouble.

Le sang de celui-ci s'est parfaitement coagulé. (2)

Une injection d'albumine d'œufs, dans les veines d'un chien, n'ayant eu aucun résultat, on pratique une nouvelle injection dans l'artère carotide. L'injection poussée détermine des accidens tels, qu'il fallut cesser l'expérience. D'où l'auteur conclut que l'introduction d'un liquide par les artères est beaucoup plus dangereuse que par les veines. (4)

Nº 2.

Un chien sur lequel vous aviez pratiqué une injection d'albumine d'œufs dans les veines en est mort.

Le sang de celui-là était resté liquide. (3)

Une expérience de même nature est répétée sur un autre animal. Dans ce cas, il ne survient aucun phénomène déterminé soit par l'injection dans les veines, soit par l'injection dans les artères. M. Magendie en conclut que ces faits ne sont certainement pas contradictoires; et que c'est notre ignorance qui est la cause de cette contradiction apparente. (5)

Permettez que, tout en le remerciant de nous
fournir d'aussi forts argumens, nous lui rétorquions,
en terminant, certaines phrases dont l'à propos est
tel, qu'il nous serait impossible d'y suppléer.

« Est-ce sur de si futiles théories, je vous le

---

(1) Mag. P. 363 v. 4. — P. (2) 333 v. 4. — (3) P. 337
v. 4. — (4) P. 324 v. 4. — (5) P. 338 v. 4.

» demande, que des hommes de sens et de talent,
» des hommes guidés par le désir d'être utiles à
» leurs semblables, de soulager leurs souffrances,
» et de placer leur art au premier rang; est-ce ,
» dis-je, sur d'aussi misérables considérations, qu'ils
» doivent baser et restreindre les ressources théra-
» peutiques que leur offre la science. (1) »

« C'est surtout en étalant solennellement ce qu'on
» croit savoir qu'on montre jusqu'à la dernière évi-
» dence ce que l'on ne sait pas. (2) »

Nous ne saurions finir sans exprimer nos regrets
d'avoir vu un professeur, tel que M. Magendie,
engagé dans une voie qui ne saurait conduire qu'à
l'ignorance et à l'erreur. « N'aurait-on pas pu em-
« ployer ce temps à des recherches plus profitables
« pour la science et pour l'humanité ? (3) »

Pour nous, notre ambition se borne à souhaiter que
nos avis soient profitables; et en entreprenant de
réfuter M. Magendie, nous n'avions d'autre but ; car
nous sommes bien persuadé de cette vérité : « l'erreur
» se réfutera d'elle-même, et après avoir vécu de sa
» vie provisoire, elle finira par tomber dans l'oubli
» d'où elle ne sortira plus. (4) »

---

(1) Mag. P. 291 v., 4. — (2) P. 77 v. 3. — (3) P. 233 v.2.
— (4) P. 24 v. 2.

COMPLÉMENT.

« Il bâilloit à chaque moment, parce qu'il venoit
» de lire ce livre, et il se plaignoit même d'une
» grosse migraine, qui lui était venue de ce qu'il
» l'avoit lû avec application. »

(FONTENELLE , Jugement de Pluton, p. 219 du
t. 1 de ses œuvres , édition de 1742).

En terminant notre travail , nous nous devons à
nous même de donner quelques explications générales
pour éviter toute méprise dans l'appréciation de nos
doctrines et dans le sens à attacher à nos paroles.

On pourrait se croire en droit de nous faire un
reproche d'*exclusivisme* ; nous y répondrons par la
remarque suivante : nous avions à combattre un système essentiellement exclusif, et les personnes par-
tageant l'opinion contre laquelle nous nous sommes
élevé, ne nous trouveront exclusif que parce qu'il
nous fallait lutter sans faire la moindre concession.
Une des plus fàcheuses conséquences de cette fausse
position , a été de nous mettre dans le cas de restreindre ou d'exagérer la signification des mots ;

obligé que nous étions de ne les employer que dans
l'acception même de l'auteur. Cette faute se fait
surtout remarquer aux pages 22 et 32 de notre critique. En effet, à la page 22, nous avons écrit :
« Bien qu'il soit impossible de procéder par les *faits*
» dans tout ce qui est moral, etc. » Le même vice
dans la pureté du langage nous a conduit à dire,
page 32 : « Nier, repousser les phénomènes vitaux
» parce qu'ils ne sont pas *expérimentalement* démons-
» trables, ce etc. » S'il était possible de se méprendre
sur la valeur relative par nous attachée, dans ces
passages, aux mots *faits* et *expérimentalement*, il de-
viendrait très-facile de nous mettre en contradiction
avec nous-même. Mais nous ne pensons pas que nos
lecteurs puissent supposer que nous ayons employé
ces mots à la lettre, les prenant dans leur expression
propre. En effet, nous nous sommes piqué et nous nous
targuons de repousser indistinctement toute hypothèse,
par suite, il nous faut bien procéder expérimentalement, par les faits. Seulement, nous croyons autant
à la certitude du positif abstrait qu'à celle du positif
concret.

Alors que M. Magendie ne veut admettre pour
faits que ceux dont on peut fournir la preuve matérielle et de la réalité desquels nos sens sont appelés à
nous convaincre, nous, au contraire, nous admettons
également pour faits et faits réels, non seulement ceux
qui nous sont dévoilés par nos sens, mais encore, et
tout aussi bien, ceux dont la perception nous est acquise par l'action du sens intime, de l'intelligence.

Aussi considérons-nous les sciences morales comme
basées sur des faits dont la preuve peut nous être acquise
par l'expérience mentale : bien plus, nous ne saurions
admettre et nous rejetons toute proposition à laquelle
nous ne pourrions pas arriver en procédant inductive-
ment, soit par l'analyse, soit par la synthèse. Les faits
sur lesquels les sciences psychologiques se fondent,
pour être d'un autre ordre, n'en sont pas moins des
faits; car autrement, nous le répétons, loin d'admettre
ces sciences et de les considérer comme positives, nous
les repousserions comme controuvées, ou tout au
moins, comme étant entachées de théories hypothétiques que notre intelligence se refuserait, dès-lors, à
accepter.

La rédaction de notre travail peut paraître avoir été
dirigée par une pensée exclusive ; aussi, pour ne pas
permettre à nos lecteurs de supposer que tel soit le
résultat de nos tendances personnelles, de nos convictions, nous ne craignons pas de renforcer toutes les
déclarations contenues dans notre critique, par les
réflexions suivantes.

Loin de rejeter, comme inutile, l'étude du mécanisme, nous la considérons comme *indispensable*, ainsi
que nous l'avons déclaré page 30. « L'homme n'est
pas plus une pure intelligence servie par des organes,
qu'il n'est une organisation servie par un esprit. (1) »
Nous sommes également très persuadé que, doués de
la faculté d'abstraire, il nous est possible de ne consi-

(1) Maine de Birau, Rapport du physique et du moral de
l'homme, p. 46.

dérer l'agrégat vivant que sous une seule de ses faces physique ou vitale; mais nous repoussons toute prétention tendant à enseigner ou à faire supposer qu'on peut arriver à la connaissance de l'homme par l'étude d'une seule de ses parties constituantes. Des prétentions de cette nature sont d'autant plus exagérées, que s'il nous est facultatif de n'envisager l'homme que sous un seul point de vue, nous ne devons recourir à cette opération mentale, que dans le seul but de faciliter et d'approfondir son étude.

En effet, les phénomènes qui se passent chez l'individu vivant ne sont pas seulement des phénomènes physiques et des phénomènes vitaux se développant côte à côte, d'une manière isolée, indépendante. Loin de là, nous pourrions presque dire qu'il n'y a, à proprement parler, ni phénomènes physiques ni phénomènes vitaux; mais bien un nouvel ordre de phénomènes qui, n'étant ni l'un ni l'autre, est les deux à la fois : c'est-à-dire, un ordre de phénomènes particuliers résultant de la combinaison de puissance et d'action exercées simultanément par ces deux ordres de faits concourant à la production de ceux observés dans l'agrégat vivant.

Pour rendre notre pensée plus intelligible, nous allons recourir à une comparaison d'un autre ordre. Veut-on, par exemple, étudier et connaître le carbonate de soude, je ne pense pas qu'on puisse supposer qu'il soit possible d'y arriver par l'étude seule de l'acide carbonique ou de l'oxide de sodium qui entrent

dans sa composition. On pourra bien étudier séparé-
ment ces deux élémens : de leur étude jaillira vraisemblablement une connaissance plus approfondie et
mieux raisonnée de cette substance ; mais, s'en suit-il
que par l'étude de chacun de ces élémens, l'acide carbonique ou l'oxide de sodium, on puisse se flatter de
connaître et d'expliquer le produit résultant de leur
combinaison : non, sans-doute ! après avoir procédé
à l'étude isolée de ces deux principes constituans, il
faudra bien encore étudier le produit comme corps
nouveau doué de propriétés particulières, spéciales,
fort souvent différentes, par fois même opposés à celles
affectées à chacun de ses élémens.

Pour nous résumer nous déclarons utile et profitable toute étude distincte de la partie physique ou vitale
des phénomènes qui se passent chez l'agrégat vivant.
Bien plus, nous pensons qu'il est avantageux, peut-être
même nécessaire, pour arriver à la connaissance de
l'homme, de procéder analytiquement, afin de pouvoir
ensuite s'élever jusqu'à le considérer synthétique-
ment ; mais, dans cette manière de procéder, on ne
saurait perdre de vue qu'il est un autre ordre de phénomènes dont la connaissance est indispensable pour
l'intelligence et l'explication des phénomènes com-
plexes ; or, nous taxons de dangereuse et ridicule toute
prétention à expliquer, par un seul de ces ordres, les
phénomènes développés dans l'être vivant, alors qu'ils
ont besoin d'une étude spéciale, en dehors même de
celle de chaque partie isolée de la science anthropolo-
gique.

La tâche que nous nous étions imposée se bornait uniquement à combattre et à réfuter M. Magendie, et notre but a été atteint si nous sommes parvenu à convaincre tout lecteur de la futilité et de l'impuissance de pareils travaux, quand on veut les faire servir de base à la doctrine médicale. L'édifice médical n'est point à construire, je n'avais donc qu'à rappeler ou à indiquer succinctement les sources auxquelles il fallait aller puiser pour éviter les erreurs que nous combattions : erreurs peut-être aussi difficiles à déraciner qu'elles sont faciles à vaincre. Les nombreuses contradictions que nous avons dû reprocher à M. Magendie sont plutôt le résultat du vice de sa manière de procéder, qu'une conséquence de son fait personnel. Pour les éviter, il faut donc suivre une marche opposée. Il faut recourir à la philosophie de l'école de Montpellier, guidé par les sages préceptes de Bacon, il faut, étudier tous les faits, tant ceux qui sont du ressort de nos sens que ceux qui sont du domaine de notre intelligence. Nous serons alors nécessairement conduit à les disposer en plusieurs classes pour grouper ensemble tous les homologues et rapprocher ceux qui présentent de l'analogie. Nous aurons ainsi des faits d'un ordre physique, d'un ordre vital, d'un ordre moral et des faits mixtes. Par leur étude nous arriverons, à l'aide de l'induction Baconienne, à l'appréciation de la cause génératrice ou des causes dont ils sont la manifestation. C'est ainsi que nous nous élevons jusqu'à l'étude et à la compréhension de la force vitale, et du sens intime et des rapports de relation et de combinaison que ces puissances peuvent avoir et ont entre elles pour le développement et l'accomplissement de certains actes ou phénomènes.

Quand nous parlons de sens intime, de force vitale, qu'on n'aille pas croire que ce sont là des personnifications. Ce ne sont que des abstractions : ces mots ne représentent pour nous d'autre idée que celle que l'appréciation de l'homme, des fonctions qui s'exécutent en lui et des actes qu'il accomplit, nous conduisent à y attacher. Ces mots, sens intime, force vitale, n'ont pour nous d'autre valeur que celle que peuvent avoir pour le mathématicien les caractères algébriques au moyen desquels il stipule ses formules et résout ses problèmes.

D'après notre dernière citation de la page 32, M. Magendie est convenu lui-même que nos organes recevaient pour fonctionner, l'influence d'une cause simple ou multiple *manifeste* dans ses effets. C'est dans ses effets que nous l'étudions cherchant à l'apprécier et non pas à la caractériser elle-même, mais à caractériser sa manière d'être, en épiant toutes ses allures et en la suivant dans toutes ses manifestations. C'est par cette conduite que nous sommes arrivé à reconnaître la multiplicité de cette cause par l'état d'indépendance de certains actes et de certaines fonctions, indépendance telle qu'elle nous montre souvent une opposition, une contradiction évidente entre les dispositions de ces diverses puissances.

Du reste, s'il était parmi nos lecteurs quelques personnes qui, ignorant la doctrine de Montpellier, eussent besoin de plus amples détails pour la concevoir et s'en faire une idée, nous sommes trop jaloux de leur temps, de leur instruction et de leur plaisir pour entreprendre de les leur fournir. Nous les renverrons à la treizième leçon de la perpétuité de la médecine, dans laquelle on trouvera l'exposition de cette doctrine. Nous serait-il possible d'aborder ce sujet, alors qu'il a été traité avec tant de supériorité, par notre maître, dans le plus spirituel et le plus profond ouvrage qui soit peut-être sorti de la plume aussi féconde qu'habile du célèbre professeur Lordat.

www.ingramcontent.com/pod-product-compliance
Lightning Source LLC
Chambersburg PA
CBHW050122210326
41519CB00015BA/4067